JN231658

「発酵」のことが一冊でまるごとわかる

齋藤勝裕 著
Katsuhiro Saito

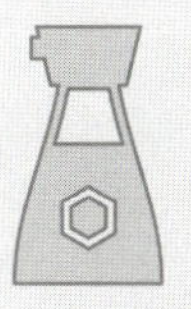

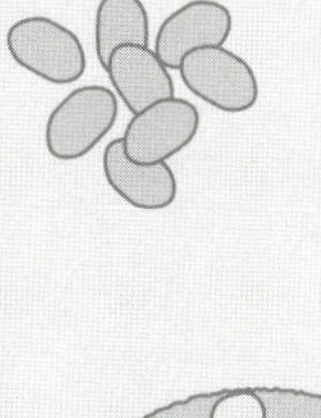
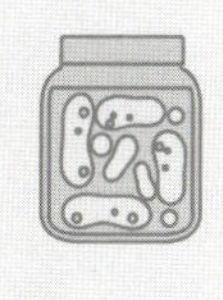

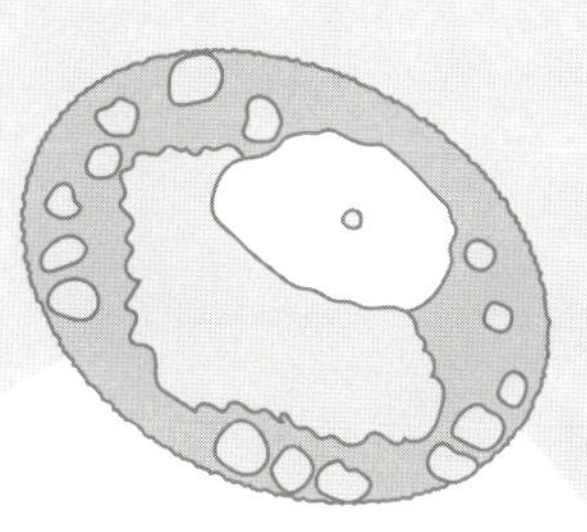
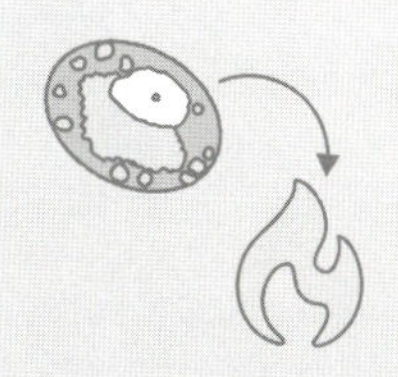

はじめに

健康への関心が大きくなってきていることもあり、「発酵」への注目度も高くなっています。**発酵とは、微生物が行なう行為のことです**。微生物は食品に作用し、それを変化させて「発酵」を起こしますが、「腐敗」という面もあります。

発酵と腐敗の違いは「人間の役に立つかどうか」で決まります。食品の品質を悪化させ、有害な物にするのが腐敗です。それに対して匂いや味を向上させ、栄養分を増加させるのが発酵です。

微生物には多くの種類がありますが、発酵に関与するのは主に麹(こうじ)、酵母、乳酸菌です。麹はでんぷんなどを分解してグルコースにし、酵母はグルコースに作用してエタノールと二酸化炭素にします。お酒はこのエタノールを利用したものであり、パンは二酸化炭素を利用したものです。

乳酸菌というとヨーグルトを思い出しますが、日本人に欠かせないお漬物も乳酸菌が無ければ、ただの「野菜と塩水の混合物」にすぎません。お漬物にあのような香りと味があるのは、乳酸菌による乳酸発酵のおかげなのです。

乳酸菌はお酒にも作用します。日本酒で「山廃仕込み」などというのは、乳酸菌の種類を指しています。乳酸菌のおかげで酵母は雑菌に邪魔されることなく、アルコール発酵をすることができるのです。このように、乳酸菌は多くの食品に作用しています。

実は、発酵は食品に限ったものではありません。麻布をつくるにも、和紙をつくるにも、発酵が利用されています。植物を分解して繊維質だけをとり出すには、発酵を用いるのが一番よいからです。

それだけではありません。**陶器などの焼き物にも発酵が利用されています**。陶器は粘土を成形して窯で焼いたものですが、この粘土は各地の粘土を混ぜて保存し（寝かせ）、成形しやすく焼いて、味のある粘土とします。この保存している間に、粘土に含まれる有機物が発酵し、粘土の質を向上させるのです。もちろん、焼成すれば微生物は消滅します。

発酵というと、すぐに食品分野、農業分野を考えがちですが、**現代の発酵は「発酵科学」として科学産業面にまで広がろうとしています**。たとえば、発酵に伴う発熱は産業エネルギーあるいは地域暖房に使われようとしています。枯渇が心配されている石油さえ、微生物の力によって二酸化炭素からつくられようとしています。プラスチックの原料も、微生物の生産する乳酸などの有機物を用い、自然に還りやすい性質のものもつくられつつあります。

本書は、このような素晴らしい発酵の世界を科学的な見地からご紹介する試みです。お読みいただいたら、発酵の有用さ、素晴らしさに目を見張り、そのような働きをしてくれる微生物にいとおしささえ、感じられるかもしれません。

最後に本書の製作に多大なご努力を傾けてくださったベレ出版の坂東一郎氏、シラクサの畑中隆氏、並びに参考にさせていただいた書籍の著者、並びに出版社の方々に感謝いたします。

齋藤 勝裕

CONTENTS

第11章 「お酒と発酵」の関係を探る

第12章 衣食住の「衣・住」にも発酵が貢献？

第13章 現代の化学産業と発酵

第1章

微生物がもたらしたプレゼント、それが発酵食品だ！

1-1 発酵食品に囲まれている生活

——味噌汁、パン、お酒…生活を潤す発酵食品たち

発酵とは「人間にとって有益な微生物の活動」のことをいいます。つまり、微生物の力を借りて、食品を私たちの好みの形に変えることです。

しかし、微生物は必ずしも、私たちの好みを聞いて、その通りに変質させるわけではありません。場合によっては、微生物によって食品が有害なものに変質してしまうことだってあります。このような場合には発酵といわず、腐敗といいます。

図1-1 ● 発酵か、腐敗かは「人間から見た区別」

ですから、発酵と腐敗は科学的には同じ現象ということができます。**私たちに有利な結果をもたらすものが発酵**であり、**不利な結果をもたらすものが腐敗**というわけです。

食品を発酵させると、元の味や匂い、食感が変化し、より深みのある味、匂いに変化し、食品の品質が向上します。それは、発酵食品を思い出してみればすぐにわかることです。

昨日の夕食を考えてみましょう。お味噌汁を飲んだかもしれませんね。この味噌というのは、大豆を発酵させたもので、日本食を代表する**発酵食品**です。

味噌汁だけではありません。卵焼きにお醤油を掛けたなら、そのお醤油も大豆の発酵食品です。

塩ジャケを食べた人もいるでしょう。塩ジャケは、鮭を塩漬けにしたものですね。でも、たんに「鮭と塩を混ぜただけ」では、あのようなおいしい味にはなりません。実は、塩ジャケも発酵しているのです。

お漬物も食べたでしょうか。お漬物こそ、典型的な発酵食品です。白菜漬けでも、ナス漬けでもタクアン（沢庵）でも、すべては発酵食品です。納豆が発酵食品であることは、いまさら指摘するまでもないでしょう。和食は発酵食品の宝庫なのです。

「朝はパンにしている」という洋食派は、発酵には無関係でしょうか。とんでもありません。和食に限らず、やはり発酵食品のお世話になっているのです。

まず、パンです。パンは小麦粉を水に溶いて焼いただけではありません。小麦粉と水を練るときに、**イースト菌**（yeast）を加えます。

イーストは日本語でいうと、**酵母**のことです。

酵母は小麦粉から発生したグルコース（ブドウ糖）を**アルコール発酵**＊し、アルコール（エタノール CH_3CH_2OH）と二酸化炭素 CO_2 を発生します。この二酸化炭素がパン特有の泡構造の形をつくり、アルコールのほうがパン特有の香りのモトになっているのです。

また、健康食品としても注目されているヨーグルトも典型的な発酵食品です。

このように、私たちは気づかないうちにたくさんの種類の発酵食品を口にしています。

図1－2● パンの形、香りは「発酵」で生まれる

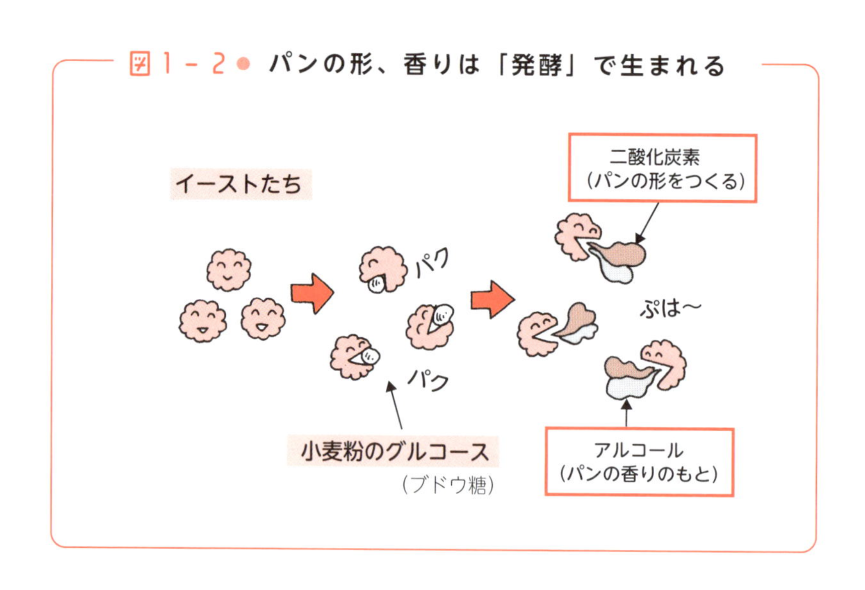

食べ物だけではありません。飲み物にも発酵したものがたくさん使われています。紅茶がお茶の葉を発酵させたものだということは、

＊糖（出発物質）をもとに、アルコールと二酸化炭素（最終生成物）へと分解・変化することを「アルコール発酵」という。

よく知られていることです。ただし、「中国の緑茶を船でイギリスに運ぶ途中、船中で発酵が起きて紅茶になった」という説は俗説です。なぜなら、緑茶はお茶の葉を蒸して揉んだものであり、この蒸す過程で微生物や酵素は無くなっているからです。つまり、その時点での発酵は起こりません。

ウーロン茶も紅茶と同様に、お茶の葉を発酵させたものです。

意外なのは、コーヒーです。コーヒー豆の貯蔵期間中に発酵が起き、それがコーヒーの香りに微妙に影響していることが明らかになっています。

「飲み物で発酵」といえばお酒を欠かすことはできません。お酒こそは発酵食品の代表といえます。**お酒はブドウ糖を酵母の力でアルコール発酵したものです**。しかし、一口にお酒といってもいろいろあります。それぞれによって発酵の手順が違います。

最も単純明快なのはワイン、葡萄酒(ぶどうしゅ)でしょう。ブドウの甘味はブドウ糖によるものです。その上、ブドウの果皮には天然酵母がついています。ということで、単純にブドウをつぶし、それを保管すれば、黙っていてもワインができます。もちろん、美味しいワインをつくろうとしたら、業者の人の経験、ノウハウ、工夫があるでしょうが、それはまた別の話です。

苦労するのは、米、麦、ジャガイモ、トウモロコシなどの穀物や根菜からお酒をつくる場合です。これら米、麦、ジャガイモなどに含まれるのはでんぷんであって、ブドウ糖ではありません。

では、ブドウ糖をどのようにして得るか。それにはでんぷんを一度、**加水分解**しなければなりません。

日本酒では、この加水分解を麹(こうじ)（菌）という微生物の力で行ないます。したがって、日本酒の場合、麹菌と酵母菌という、異なる菌によって２段階の発酵を行なわせているのです。

麦を使うビールやウイスキーの場合には、麦を発芽させて麦芽にします。するとこの麦芽に含まれる酵素がでんぷんを分解してくれるのです。その後、これをアルコール発酵させ、できたアルコール水溶液にホップを混ぜればビールになり、蒸留してアルコール濃度を高めればウイスキーになるというわけです。

変わったお酒では、モンゴルで飲まれる馬乳酒というものがあります。これは名前の通り、馬の乳を発酵させたものです。ここで、「乳はタンパク質だ。だったら、アルコール発酵しないのでは？」と考えた方はきわめて聡明です。まさに、その通りです。**タンパク質はアルコール発酵しないからです**。これは覚えておいてください。

しかし、馬乳酒はやはり、馬の乳を発酵させています。というのは、乳に含まれるのはタンパク質だけではないからです。ラクトース（乳糖）という糖が含まれます。**ラクトースが分解すると、グルコースとガラクトースという二種類の糖になり、このグルコースがアルコール発酵するのです**。

このように、私たちの身の周りにある食品、飲み物の多くは発酵の力によって深い味と香りを獲得し、原料の段階より、一段と深みと滋味を増しているのです。

1-2 発酵食品の歴史

——最初は、偶然が生んだ産物だった

人類と発酵との付き合いは、人類の歴史の黎明期(れいめいき)から続いています。たまたま、海水に漬かった草を食べることもあったでしょう。それは生物にとって大切な塩分を補給してくれるだけではなく、取ったばかりの草の味とは違う、独特の美味しさを持っていたのではないでしょうか。

仕留めた獲物を保管している間に、肉の味が変わってしまったこともあるでしょう。その多くは、肉が腐敗してしまい、食べられなくなったものと思います。しかし、たまたま保管条件と保管期間がうまくいった場合、仕留めた直後の肉の味よりも、ずっと美味しいと感じたこともあったはずです。これらはすべて、発酵の手助けのおかげです。

各地に残る遺跡や石板(せきばん)の記録などから明らかになっているだけでも、人類と発酵のつきあいはたいへん古いことがわかっています。最古のものは 1 万 5000 年を遡るといいます。

三大文明の発祥地といわれるメソポタミアやエジプトでは、すでにワインやビールがつくられていたといわれます。**世界最初の発酵食品は、牛乳から偶然にできたヨーグルト**とされ、紀元前 5000 年頃に生まれたといわれます。いまから 7000 年以上も前のことです。

それから数千年もの間、伝統的な発酵技術は家庭、民族の中でいい伝えや伝承によって脈々と続きました。

やがて17世紀に入ると、オランダの化学者レーウェンフックが性能のよい顕微鏡をつくり出します。この顕微鏡によって、人類は微生物の存在に気づくことになります。これを契機にして微生物の研究は急速に進み、「近代細菌学の祖」といわれるフランスのパスツールなどの研究によって、**発酵や腐敗が微生物によって起こされることが明らかになったのです**。

微生物の研究は、お酒の醸造にも大きな革新をもたらしました。アルコール発酵をする微生物、酵母が発見され、それを使った発酵技術が確立されると、格段に安定した高品質のアルコール生産が可能になりました。このようにして現在の豊かな酒文化が花開いたのです。

日本の発酵食品の最古の記録は、奈良時代に遡ります。当時、瓜(うり)を塩漬けにして食べていたという文献があります。平安時代になると、野菜を酒粕や酢に漬けて食べていたという記録もあります。かなり高度な食べ物です。また8世紀の文献には、麹を用いた酒、酢の原型、醤油や味噌の原型がつくられていたと記されています。

平安時代になると、麹菌を専門に販売する商店が現れ、灰を使って麹菌だけを取り出すという高度な技術も存在したようです。おそらく、このころから麹菌を使って発酵させる発酵食品が日常的に食べられていたのでしょう。

日本で発酵食品が身近な食品になった理由として、国土が海で囲まれているということがあります。そのため塩が比較的身近にあったので、食材を保存するために塩を活用してきたという歴史があるのです。

魚は生のままだとすぐに腐ってしまいます。「鰯」という字は魚へんに「弱い」と書きますが、これは陸揚げすると、弱ってすぐに腐るところからきているといわれています。

しかし、塩漬けにしておくことで腐敗を遅らせることができます。そして、塩漬けにした魚からにじみ出た水分を濾すと、醤油のような調味料ができます。これが「魚醤」*です。このような、魚を塩漬けにした発酵食品は、奈良時代よりも以前から日本人の食生活に根付いていたと考えられています。

2013年に和食がユネスコの無形重要文化財に登録されたのも、醤油や味噌といった麹菌による発酵食品が根幹にあったためといって良いでしょう。

発酵が関与するのは食品や飲み物、お酒に限るものではありません。微生物は想像を絶する力を持っています。戦争が結果的に科学技術を発展させる原動力となったことは否定することができませんが、微生物・発酵の技術に関しても同様です。

第一次世界大戦中には、爆薬やダイナマイトの原料となるニトログリセリンを発酵で大量につくろうとの試みが行なわれました。戦争の勝敗が関わるだけに、各国が発酵の技術を競い合い、技術革新

---

*魚介類を原料にした調味料で、魚醤油（うおしょうゆ）、しょっつる（塩魚汁）ともいう。魚と塩を漬け込んで発酵させたもので、濃厚な旨味を持つ。ハタハタなどを使った秋田県のしょっつる、イカ、イワシやサバなどを使った石川県奥能登のいしる（魚汁）、いかなごを使った香川県のいかなご醤油が日本三大魚醤と呼ばれる。タイのナンプラーは世界的に有名な魚醤。

に躍起になりました。この時期から発酵は食品分野だけでなく、工業における大量生産のための技術という役割も担い始めたのです。

第二次世界大戦で注目されたのは**抗生物質**でした。抗生物質は、微生物が生産する物質で、「他の微生物の機能や増殖を阻害する」能力を持つものです。そのため、感染症などの治療に用いられます。世界最初の抗生物質であるペニシリンは、第二次世界大戦で多くの人々の命を救いました。

抗生物質は、微生物ごとに固有の種類のものを生産します。そのため、抗生物質探し、つまり微生物探しの研究が発展し、微生物研究は大きく前進しました。

このような研究が基になって開発された革新的な技術の一つに、「**生体制御発酵**」があります。これは、微生物の活動を人工的にコントロールして、微生物の体内にある特定の有用物質を体外へ排出させる発酵技術です。

この生体制御発酵によって得られる代表的な物質に**アミノ酸**があります。アミノ酸はタンパク質の構成要素であり、全部で 20 種類ありますが、そのすべてを生体制御発酵を使ってつくり出すことができます。

このアミノ酸発酵の研究をリードしたのは、ほかならぬ日本でした。第二次世界大戦後、食料不足に悩む日本では、とくにタンパク質不足が大きな問題でした。そのため多くの研究機関でタンパク質とアミノ酸の研究が行なわれたのでした。

このようなさまざまな歴史を経て、発酵は食品、医療などを中心に産業として大きく発展したのです。

微生物とは何なの？

——バイ菌？　ウイルス？　細菌？　プランクトン？

発酵は、微生物が食品に働きかけて起こす**生化学反応**ですが、そもそも、「**微生物**」とはいったい何なのでしょうか。

実は、**微生物とは、「肉眼では構造が判別できないような微小な生物」のことを指しています**。なにやら曖昧で、前近代的な定義に見えます。この定義では、「体が微小である」ということしか定かでありません。そのため、一口に微生物といっても、極めて多種類の生物が該当することになってしまいます。

「アンパンマン」という、子供に人気のアニメがあります。ここで主人公のアンパンマンとともに活躍するのがバイキンマンです。もちろんバイ菌（黴菌）をもじったものです。バイ菌は微生物の一種で、一般に病気を起こしたり、食品を腐らせたりと、私たちに不利益をもたらす微生物です。このバイ菌には、どのようなものがいるのでしょう。

食中毒でなじみの黄色ブドウ球菌、タマゴの殻についているサルモネラ菌、魚介類についている腸炎ビブリオ、インフルエンザを起こすウイルス、等々です。

でも、待ってください。たとえ微生物が微小だといっても、生物に違いありません。生物でない物は、微生物とはいいません。

それでは、さらに遡って、「生物の定義」とは何でしょうか。それは次の三つの能力を持つもののことです。

①自分で栄養を摂取できること

②自分と同じ固体を増殖できること

③細胞構造を持っていること

上で挙げたバイ菌の中に、この３つの条件を満たせない物があります。黄色ブドウ球菌、サルモネラ菌、腸炎ビブリオなどは条件を満足します。

しかし、ウイルスは３つの条件を満たせないのです。ウイルスにできることは、②の増殖だけです。ウイルスは、①の自分で栄養を摂ることはできません。なんと、宿主の栄養をかすめ取って生きているのです。寄生です。

図１－３● ウイルスは宿主が必要、細菌は自分で生きられる

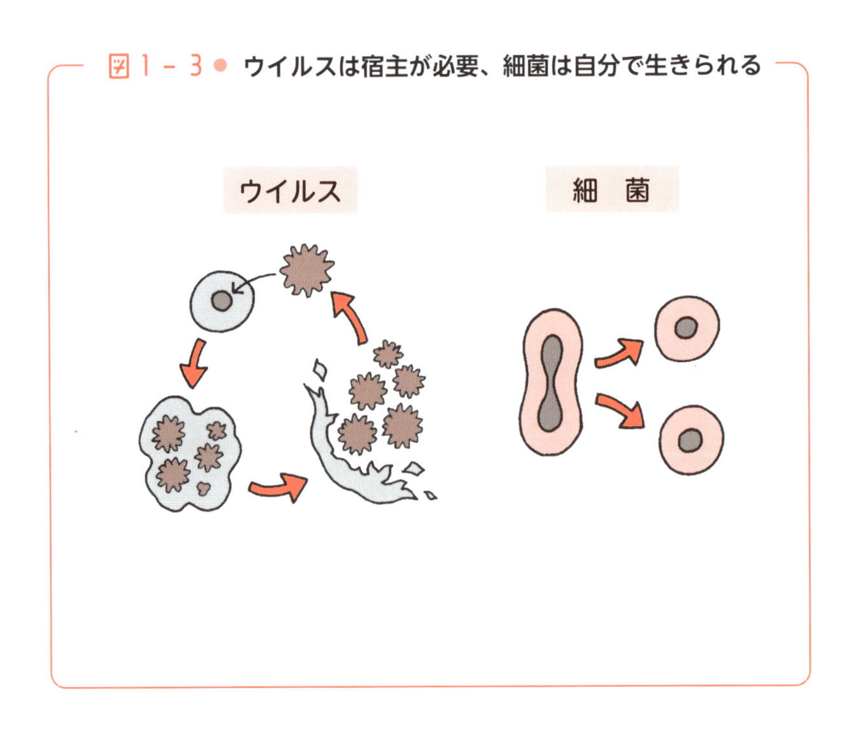

またウイルスは③の細胞構造も持っていません。細胞というのは細胞膜という膜でできた容器の中に、増殖のための装置（DNA）、栄養をつくり出すための装置（酵素群）を備えたもののことをいいます。それが細胞構造です。

しかし、ウイルスは細胞膜を持っていません。タンパク質でできた殻の中にDNAを入れただけなのです。要するに、「微生物」という場合、ウイルスは入りません。したがって、微生物による働きを主題とする本書ではウイルスを扱うことはありません。

微生物の大きさは「小さい」とはいっても、サイズについては明瞭に決められていません。たとえば微生物の一種であるゾウリムシは体長が0.1mmほどであり、目をこらせば、なんとか見ることができるサイズです。

一方、細菌の細胞は1～数μm（マイクロメートル）であり、1μmとは1mmの千分の一です。細胞構造を保つには、この辺りが限界の小ささということなのでしょう（実際、ウイルスは細菌よりはるかに小さい）。

ということで、この数μmという辺りが、微生物として最小サイズのようです。もちろん、こんなに小さくなると、肉眼を元にした光学顕微鏡では解析が無理であり、電子顕微鏡が無ければ観察不可能です。

微生物はどこにいるの？

――限られた場所に生きる生物

微生物は地球上のあらゆる生物圏に生息しています。一口に地球上の生物圏といいますが、それは一体、どれほどのものなのでしょうか。

地球の直径はおよそ1万3000kmです。陸では最も高いエベレストが約1万メートル、つまり10km足らずです。また、海では最も深いマリアナ海溝の深さが約10kmです。地球上の生物が生息できる垂直範囲はこれだけなのです。

仮に、黒板に直径が1.3mの大きな円を描いたとして、これを地球の大きさとすると、1万3000km➡1.3mとなります。この縮尺で行くと、地球の上方10kmと下方10kmはそれぞれ1mmにすぎず、合わせてもわずか2mmです。つまり、地球上で生命体が繁殖できる範囲は、それほど狭い範囲に限られているということです。この範囲を超える環境に、地球型生物が生息できる可能性はこの上なく“ゼロ”です。

この狭い範囲に、微生物は非常に多くの種類と個数で繁殖、繁栄しています。その生活様式も千差万別です。植物的に光合成する微生物、菌類的に有機物を分解する微生物、動物的に他の微生物を捕食する微生物、あるいは大型動物と寄生や共生の関係にある微生物

図1-4● 地球型生物が生息できる範囲は狭い

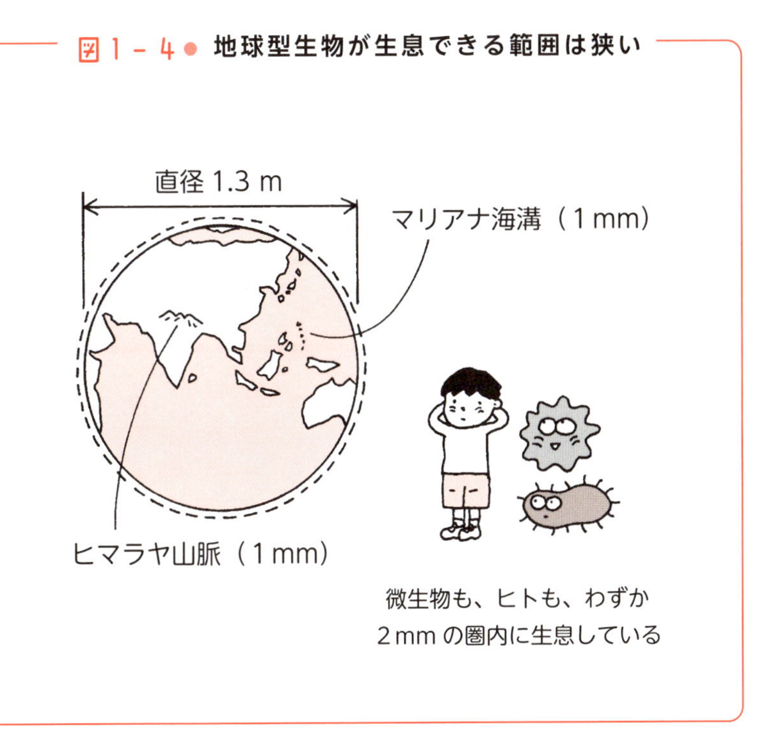

など、いろいろです。

プランクトンと微生物を、ほぼ同じ意味に扱っている書籍を見かけることもあります。しかし、プランクトンの中には成長するとエビやカニなど、大きな水棲生物になる生き物もありますから、そうなると、どの成長過程までを微生物と呼ぶのか、これにも問題があります。

また単細胞生物を微生物とする説もありますが、単細胞でありながら肉眼で見えるもの（有孔虫など）もあります。

このように、微生物の定義はあいまいなものが残っているのが現実ですが、人間の生活を豊かなものにするためにも、地球環境を守り、微生物との共存共栄を図っていかなければいけないようです。

微生物の種類と働き

——食品を分解することで「人の役」に立っている

微生物とはどのようなものなのか、ということは前節で見た通りですが、それでは、微生物にはどのような種類があるのでしょうか。

微生物にはたくさんの種類がありますが、大きく分けると真核生物と原核生物に分けられます。

真核生物というのは、核膜に包まれた核を持ち、その中にDNAを持つ細胞からなる生物のことです。人間のような高等生物も該当します。

もう一つの、**原核生物**というのは核膜で包まれたDNAを持たない生物のことです。細菌、放線菌、ラン藻および古細菌が含まれます。両者の違い、代表的な生物を表に示しました（図1-5）。

そのような中にあって、そのまま食用になる微生物もあります。食用といっても日常的な食品ではなく、サプリメントの扱いですが、その代表的なものが「クロレラ」です。これは日本名でミドリモと呼ばれる緑藻類の総称です。直径が2～10 μmのほぼ球形の微生物であり、細胞中にクロロフィルを持つため緑色に見えます。光合成の能力が高く、二酸化炭素、水、太陽光さえあれば、クロレラは大量に増殖することができます。

図1－5● 原核生物と真核生物

	原核生物	真核生物
細胞の大きさ	1～10 μm	10～100 μm
核　　膜	×	◎
染　色　体	むき出し状態	細胞核の内部に保護
組　　織	単細胞	単細胞、多細胞
細胞小器官	ミトコンドリア などは無し	ミトコンドリア などが多数存在
単細胞の例	細菌類、藍藻類 放線菌など	ミドリムシ、アメーバ ゾウリムシなど
多細胞の例	—	人間、牛、犬、猫……

図1－6● クロレラの細胞

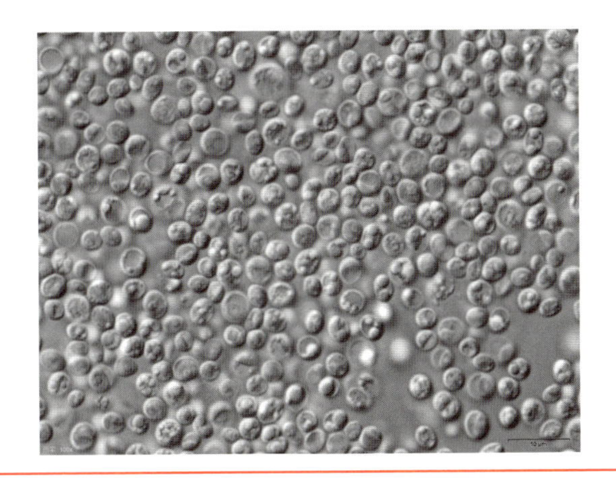

また、ミドリムシ（ユーグレナ）も有名です。ミドリムシは藻類の一種で、餌を必要とせず、水と二酸化炭素、光さえあれば生きていけます。これが多数の栄養素を含んでおり、粉末としてそのまま食用（サプリメント）とされています。

しかし、クロレラやミドリムシのように、微生物がそのまま食品やサプリメントになるのは珍しい例です。では、どのように利用されるかと言うと、多くの場合、**微生物は食品に作用して、食品の性質を変えることによって私たちに貢献しています**。

食品は、放置すれば大気中の微生物の働きによって味、匂い、食感、外観などが変化していきます。すでに述べたように、この現象は、あるときは「腐敗」と呼ばれ、あるときは「発酵」と呼ばれます。

発酵を促す微生物（発酵菌）は、食品を分解することによって、人間に無害、あるいは有益な化学物質を生産する菌ということになります。とはいうものの、微生物はとても小さく、シンプルな構造を持つ生物です。それほど複雑多彩な化学物質を合成することはできません。せいぜい、二酸化炭素 CO_2、アルコール（エタノール CH_3CH_2OH）などです。

一方、腐敗を促す微生物はどうでしょうか。魚や肉で見られるように、微生物の働きによってタンパク質やアミノ酸などが分解されて腐敗臭を生成し、最後には食べられなくなってしまう現象（腐敗）を引き起こします。

この場合の腐敗臭の原因は、アミノ酸の構成元素である硫黄 S や窒素 N から生じた硫化水素 H_2S、あるいはアンモニア NH_3、アミン RNH_2* のような化学物質です。

人間のような大型生物には、体の表面、体内に多種類、多数の微生物が共生（寄生）しています。そのような微生物の一部は、繁殖

＊アミン RNH_2 の場合の「R」とは、一般に適当な炭化水素原子団 C_nH_m を指し、「R」という元素があるわけではない。

すると、人間などの生活に悪影響を与えることがあります。そのようなものは一般に**病原体**と呼ばれます。

私たち大型生物と微生物は、ふだんは気がつかないままに互いに影響を与えあって生活しているのですが、その結果が大型動物に有利に働いている、とは限りません。あくまでも、ケースバイケースです。

つまり、出産時から人工的な管理下におき、一切の微生物を排除した動物（無菌マウスなど）の場合、寿命がふつうの個体よりも長くなることが多いのは事実です。

しかし、発酵食品による味の多様性、お酒による人生の多様性など、生活の質まで考えて総計すれば、利益の方が大きいとの考えもあります。要は考え方のようです。

はっこうの窓

「へしこ、豆腐よう、みき」って、知ってる？

発酵食品のいくつかをご紹介しておきましょう。

●へしこ

主に福井県の郷土料理であり、サバ、イワシなどの青魚、あるいはフグなどを塩漬けにし、さらに糠漬けにしたものです。糠を軽く落として火で炙(あぶ)ったものは、お茶漬けや酒の肴に抜群ですし、新鮮なへしこはそのまま刺身で食べるのも絶品です。

●豆腐よう（豆腐餻）

沖縄の郷土食です。沖縄の島豆腐を米麹、紅麹（紹興酒などの醸造に用いられる麹）、泡盛によって発酵・熟成させた発酵食品です。「唐芙蓉」とも書きます。この豆腐餻に似たものとしては、中国・台湾の腐乳があります。腐乳は雑菌の繁殖を抑えるため、製造中に塩漬けにしますが、豆腐餻の場合は塩漬けではなく、泡盛漬けにします。このことが豆腐餻の味や舌触りに大きく影響しています。

●みき

「みき」は、奄美群島および沖縄県で伝統的につくられる飲料です。語源は神にささげるお酒の「お神酒（おみき）」からきたものといわれます。原型は口噛(くちか)み酒(ざけ)であり、現在も豊年祭などにおいて振る舞われます。

しかし現在の「みき」は、うるち米や麦、砂糖などを原料にした乳酸飲料となっています。

第2章

発酵って、そもそも何だろう

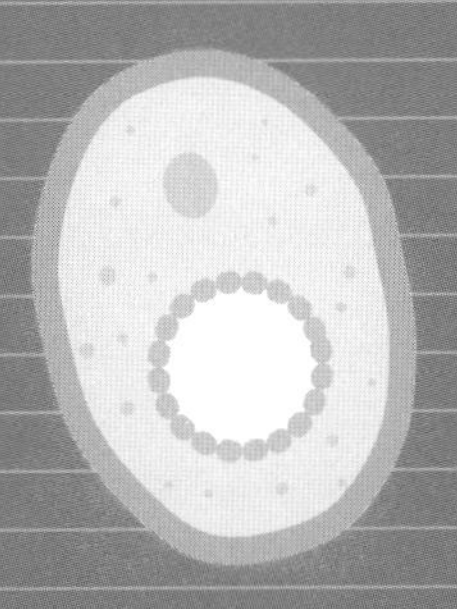

麹菌、酵母菌、乳酸菌、納豆菌、酢酸菌

——発酵食品をつくる微生物たち

　菌やカビというと、腐敗、食中毒、さらには病気と、悪いイメージが広がります。しかしその一方、味噌、醤油、ヨーグルト、チーズと、さまざまな発酵食品をつくり出してくれるのも、同じく、菌やカビという微生物でした。

　そこでこの章では、「発酵」そのものについて、さらに詳しく見ていくことにします。

　さて、発酵食品を生み出すような、人間にとって有益な微生物とは、どのようなものなのでしょうか。

　発酵食品を生み出す微生物は、生物学的な分類によれば、3 種類に分類することができます。

　一つは、一般に「カビ」といわれるものです。麹（こうじ）菌、青カビ、カツオブシカビなどがあります。麹もカビの一種だと聞いて、驚かれたかもしれません。

　二つ目は、「細菌」です。乳酸菌、酢酸菌、納豆菌などです。

　三つ目は、酵母菌の仲間です。パン酵母、ビール酵母、清酒酵母などが、酵母の仲間です。

　もっと具体的に見ると、日常的な発酵食品をつくる微生物として次の 5 種類を挙げることができます。

❶麹菌（こうじきん）

日本人の和食文化に欠かせない発酵食品をつくりだす微生物が麹菌（麹）です。米や大豆を煮たり蒸したりしたときに繁殖する糸状菌（カビ）の一種で、米を原料とした米麹、大豆を原料とした大豆麹、麦を原料とした麦麹などがよく利用されます。

発酵の過程で、糖分やアミノ酸をつくり出すため、**麹菌でできた発酵食品には独特の「甘み」と「旨味」**が生まれます。日本酒や醤油、味噌、みりん、米酢（こめず、よねず）*など、和食に欠かせない発酵食品の多くには麹菌が利用されています。

❷酵母菌（こうぼきん）

ブドウ糖をアルコールと炭酸ガスに分解する微生物が酵母菌（酵母）です。野菜や果物の表面、空気中や土壌中など自然界のあらゆるところに生息します。ブドウ糖からアルコールを生成することから、酵母菌は各種のお酒の醸造に利用されます。その用途によって、

＊「米酢」の読み方は迷うことが多い。「こめず」「よねず」が多いが、「べいず」とも読める。辞書には「こめず」「よねず」の両方が併記されている（大辞林）。テレビ放送では両方を使うようだ。ミツカンのHPでは、どちらも辞書に載っているが、ミツカンの米酢の製品名としては、発売当初から「お米を原料としている」ことがわかるように、「コメズ」（こめず）としている、とのこと。

ビール酵母、ワイン酵母、清酒酵母などがあります。それ以外にも、パン、味噌、醤油にも使われます。

パンが膨らむのは、酵母菌（イースト）の働きによってできた二酸化炭素が加熱により膨張するからです。このため、主にアルコールによってパン独特のよい香りがつくり出されます。

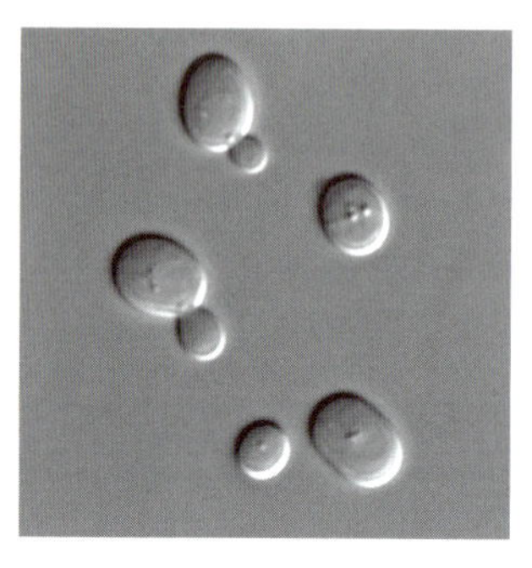

❸乳酸菌（にゅうさんきん）

乳製品由来の発酵食品に欠かせない微生物が乳酸菌です。食品中のブドウ糖や乳糖を分解し、乳酸をつくり出します。ヨーグルトやチーズなどの乳製品はもちろん、野菜の漬物や味噌、醤油などにも乳酸菌は欠かせません。最近では、腸の働きを整える（整腸作用）ものとして、注目を集めています。

ビフィズス菌、ヤクルト菌、コッカス菌など 100 種類以上が知られています。動物の乳に生息する動物性乳酸菌と、植物の葉に生息する植物性乳酸菌に大別することができます。

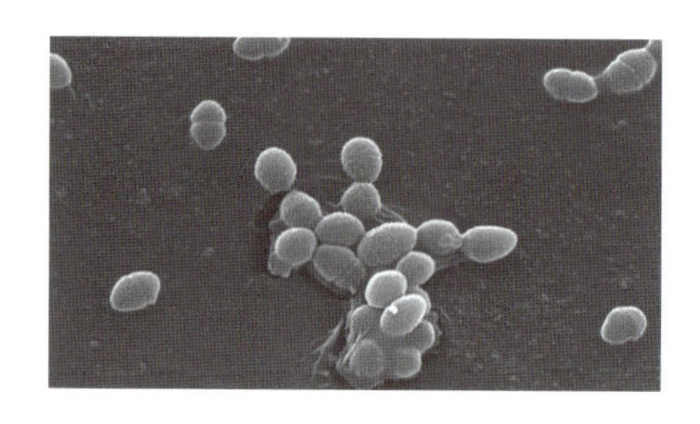

❹納豆菌（なっとうきん）

稲わら、枯草、落ち葉など、自然界に存在する枯草菌（こそうきん）の一種で、**とくに稲わらに棲む枯草菌を納豆菌と呼びます**。加熱した大豆に加えて発酵させると、タンパク質を分解し、アミノ酸やビタミンを生成し、糸を引く納豆をつくり出します。

納豆には、日本式の糸を引く納豆と、東南アジアに見られる糸を引かない塩辛納豆があります。塩辛納豆のほうは納豆菌ではなく、麹菌と塩水で発酵させたものです。

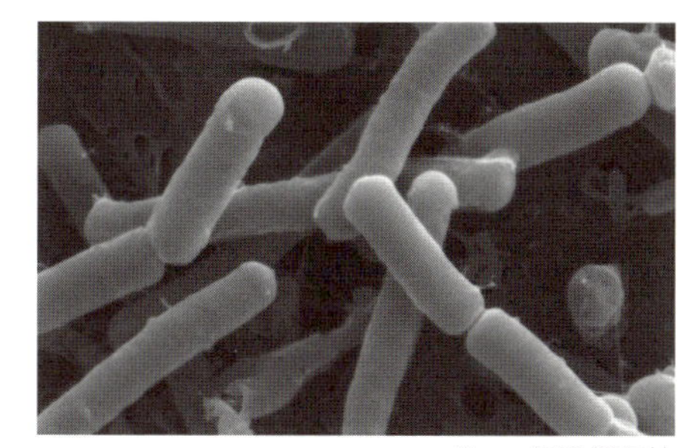

Alamy/PPS 通信社

❺酢酸菌（さくさんきん）

アルコールを酢酸に変える微生物です。つまりお酒の中のエチルアルコールを酸化して、酢酸 CH_3CO_2H に変えます。酢は蒸した米に麹を入れ、アルコール発酵させて醪（もろみ）＊をつくり、そこに酢酸菌を入れて酢酸発酵させることによってつくります。

原料が米なら米酢、りんごならりんご酢、ワインならワインビネガーになります。酢には有機酸やアミノ酸が多く含まれていて、疲労回復や血圧上昇を抑制する効果があります。

酢酸菌の中には、発酵の過程で膜をつくるものがあり、この性質

＊醪（もろみ）とは、蒸した穀物に麹などを加えて発酵させたおかゆ状のもの。これを絞って得た液体部分が醤油やお酒である。

を利用したのがナタ・デ・ココです。ココナッツ水に酢酸菌の一種であるナタ菌を加えて発酵させ、コリコリ感のあるナタ・デ・ココができます。

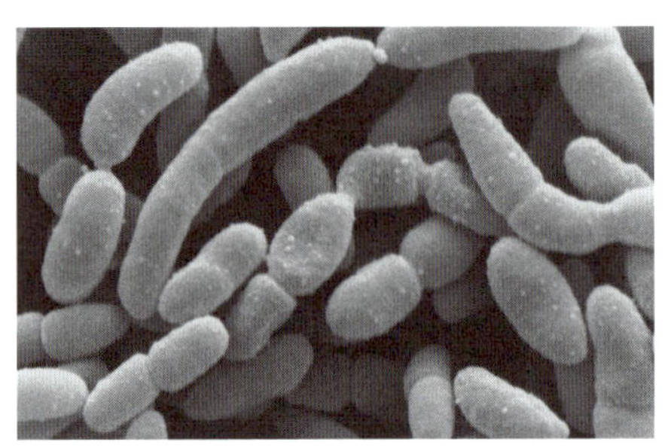

Science Source/PPS 通信社

発酵に関与する微生物は一般に熱に弱く、多くは60℃以上で死んでしまいます。そのため、生きた状態で摂取しようとすると、味噌汁であれば沸騰後に火を止め、最後の段階で味噌をとくなど、手順を工夫することが大切です。

発酵微生物は、それぞれが単独で働くことはなく、とくに和食文化を支える醤油や味噌といった調味料は、複数の微生物の協調作業によってつくられます。近年では、抗生物質やビタミンなどの医薬品や石油をつくり出す微生物も発見され、実用化されているものもあります。

はっこうの窓

血栓を溶かす「ナットーキナーゼ」

日本食における発酵食品の典型ともいえるのが「納豆」です。納豆は茹でた大豆に、納豆菌を繁殖させてつくります。納豆菌は枯草菌と呼ばれる細菌の一種で、稲の藁に多く生息しています。日本産の稲の藁1本に、ほぼ1000万個の納豆菌が芽胞の状態で付着しているといわれます。

大豆は優秀な健康食品ですが、実は有害物質も含んでいることは、あまり知られていないようです。すなわち、大豆には有毒なタンパク質のプロテアーゼ・インヒビター、あるいはアミラーゼ・インヒビター、さらにはレクチンが含まれているのです。このため、生食はできません。

では、どうやって大豆の有害物質を消すかというと、加熱することで、これらの有害物質をなくす（変性・失活）ことができます。ところが、プロテアーゼ・インヒビターの場合、加熱しても十分に失活させることができません。

しかし、大豆に納豆菌などを繁殖させることで、プロテアーゼ・インヒビターを分解することができます。さらに、消化吸収の効率も増大するのです。

納豆は上質なタンパク質源であるだけでなく、食物繊維も100グラム中に4.9～7.6ｇと、非常に豊富に含まれています。さらに、納豆には殺菌作用もあります。たとえば、食中毒菌であるO157（オー）に対して抗菌作用があることが明らかになっています。

抗生物質が見い出される以前は、赤痢、腸チフス、病原性大腸菌などによる腹痛や下痢の治療にも、納豆が用いられていたことがある、ともいいます。

よく知られているのは、納豆には血栓を溶かす酵素が含まれていることです。納豆から単離したナットウキナーゼをイヌに与えたところ、血栓の溶解が観察されたという報告もあります。また、納豆に含まれるビタミンK2は骨のタンパク質の働きや骨形成を促進することから、骨粗しょう症に効果があることが期待されています。

納豆菌の一部には、安定した芽胞のまま腸内まで生きて到達し、腸内でビフィズス菌を増やし、腸内環境を正常化する（善玉菌を増やす）効果があることも知られています。

納豆は熱いご飯にかけて食べるだけではありません。つきたての餅に絡めれば「納豆餅」となります。また、納豆を味噌汁に入れた物は「納豆汁」として東北地方でよく食べられるようです。茨城県水戸地方には「そぼろ納豆」という郷土料理がありますが、これは水で戻した切り干し大根と納豆を醤油で混ぜた素朴な料理です。

納豆とイカの刺身を和えた「イカ納豆」は寿司種として欠かせませんし、納豆の天ぷらも美味です。納豆スパゲティや納豆チャーハンなどと、和食以外の目新しい料理もいろいろ開発されています。

このように納豆は応用の効く優れた食品ですが、あの匂いとネバネバが苦手という人もいます。最近ではそのような人のために、匂いやネバネバを抑えた納豆も開発されていますので、納豆はますます「国民食」としての立場を強化しているように見えます。

発酵のしくみは？

——2つの化学反応が起こっている

発酵は微生物の行なう生化学反応と見ることができますが、そこでは、どのような化学反応が起こっているのでしょうか。

実は、発酵反応はとても複雑なプロセスです。しかも、食品の種類によって、そのメカニズムは異なります。しかし、基本的に2つの反応が同時並行的に進行しているものと考えられます。

それは多くの食品がでんぷんなどの多糖類とタンパク質を含んでいることに起因するものです。つまり、多糖類もタンパク質も一般に天然高分子といわれる高分子であり、非常に多くの個数の単位分子が結合しています。

微生物がこの高分子をいきなり発酵させるのはたいへんです。そこで、次の2段階のプロセスを踏むわけです。

❶高分子の鎖を分解して、バラバラの単位分子にしておく

❷この単位分子を分解する作業に入る

たとえば、ビールやウイスキーをつくるには、まず初めに麦芽に含まれる酵素によってでんぷん（高分子）をブドウ糖に分解します。その後、酵母（微生物）によって、ブドウ糖をアルコール発酵してお酒に変えます。つまり、次の2段階のプロセス（図2-1）が、別々に起こっているのです。

図2-1● 2つのプロセスを経て発酵する

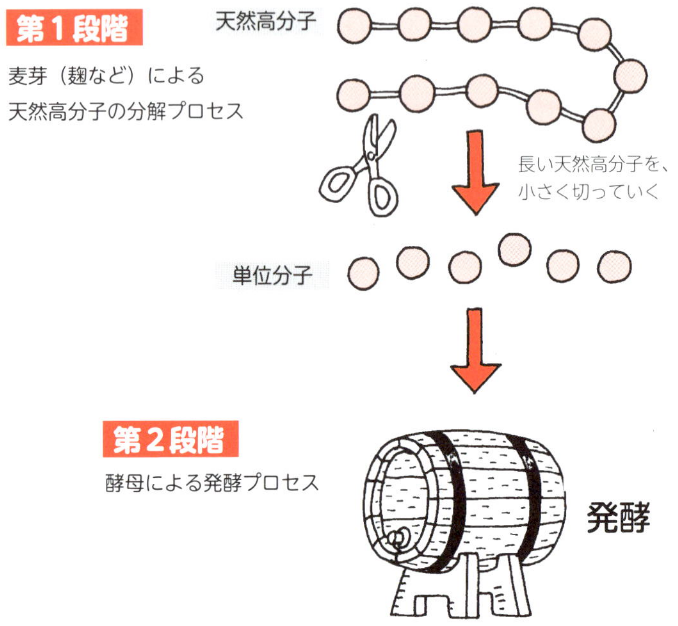

第1段階

麦芽（麹など）による
天然高分子の分解プロセス

天然高分子

長い天然高分子を、
小さく切っていく

単位分子

第2段階

酵母による発酵プロセス

発酵

しかし、日本酒や味噌・醤油をつくる発酵プロセスは違います。こちらは、**並行複発酵**といい、１つの容器の中で、

●麹菌酵素による分解

●酵母によるアルコール発酵、乳酸菌による乳酸発酵

が同時進行で行なわれています。

世界中の醸造酒の中で、日本酒はアルコール含有量が 20% 前後と、ビールの 7%、ワインの 10% 程度などに比べて圧倒的に高い数値を誇ります。

これは、醪（もろみ：水、麹、蒸米の混合物）の中で徐々にブドウ糖が生成され、できたブドウ糖を徐々にアルコールに変えていくという、「酵母の働き方」そのものが理に適（かな）っているから、といわれます。

醤油の発酵も、これと同様です。麹と酵母が協力して発酵を進めます。原料が仕込まれた直後は分解が進んでいないので、糖分も少なく、また pH* が高いため（中性に近い）、まず乳酸菌が動き、乳酸という酸を発生して pH を下げます（液体を酸性にします）。この酸性のために雑菌の繁殖が抑えられ、腐敗が起きなくなります。

そして、ある程度分解が進み、糖分が出てきて酵母の発酵に適した pH の低い酸性環境になると、今度は酵母が盛んに活動をし始めるのです。

酵母は酸素を好むので、このタイミングで空気を取り入れる「櫂（かい）入（い）れ」（図 2-2）という作業を行ないます。酵母の発酵が落ち着いた頃のもろみには、アルコールが存在するため、たとえ雑菌が混入しても生きられる環境ではありません。時間をかけて十分な熟成を行なうことができます。この結果、さらにタンパク質が分解し、色調が濃くなっていきます。

醤油や味噌の色が濃くなっていくのは、アミノ酸と糖類が結合するアミノカルボニル反応というもので、メラノイジンという褐色物質をつくるために起こります（褐変反応）。

＊ pH は昔は「ペーハー」と呼んでいたが、現在の学生は「ピーエイチ」と読む。pH ＝ 7 が中性、それより小さければ酸性、大きければ塩基性（アルカリ性）。

図2-2● 櫂入れ

この反応は生化学反応ではなく、ふつうの化学反応です。つまり、パンや魚が焦げるのと同じような反応です（糖化反応、メイラード反応）。そのため、醸造物の着色物質は発酵による産物とはいいません。

発酵による重要な生産物としては、**エステル**が挙げられます。エステルには多くの種類がありますが、一般に、エステルは香りのよい物質です。たとえば、果実の香りの大部分（バナナなど）はエステルによるものです。

これは発酵によって生じた各種のアルコールと、同じく発酵によって生じた乳酸や酢酸などの有機酸が結合したものです。エステルは、酵母や細菌の発酵が無くなってから生産されるもので、発酵期

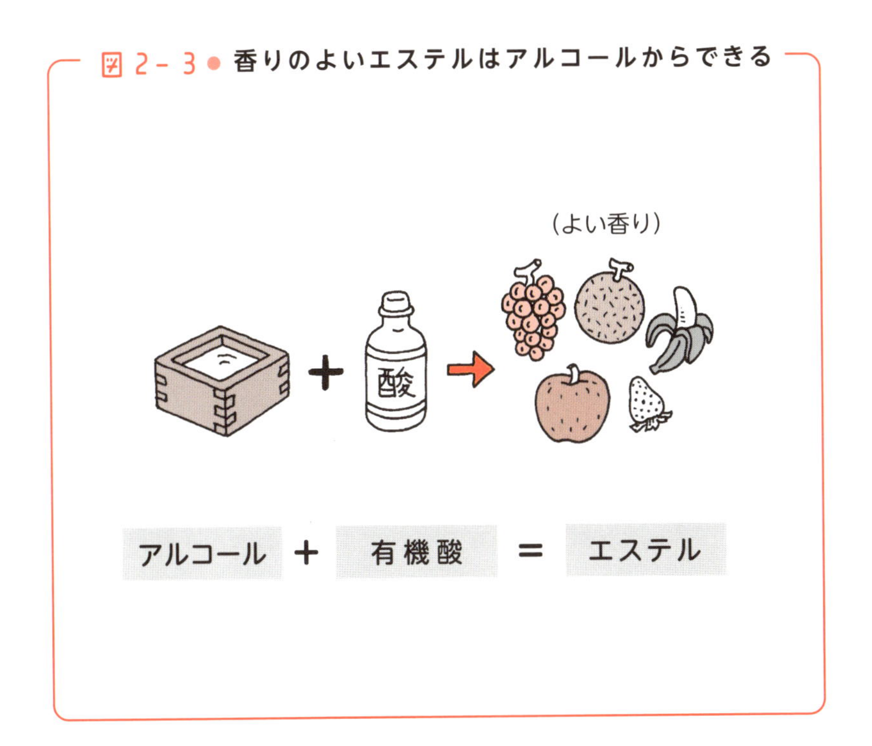

間が長い製品ほど多くなります。

このように、発酵中にはいろいろな化学反応が同時進行的に進行し、おおもとの原料とはまったく異なる物質に変化していきます。この結果、それぞれの醸造物特有の香り、味、色、質感、歯触りなどが現れるのです。

これは微生物の種類によるだけでなく、複数種の微生物の組合せ、その割合、発酵物質の濃度、温度などによって微妙に異なってきます。

その意味で、厳密にいえば、発酵においては同じ生産物ができることはない、といえるでしょう。

2-3 腐敗、食中毒と微生物

——何が原因で起きるのか?

発酵も腐敗も、それを起こす微生物にとっては、本来、同じことです。ただ、それを受け取る人間には大きな違いがあり、発酵は人間にとって「有用な働き」をするものであり、腐敗は人間にとって「有害な働き」をするもののことです。

では、発酵と腐敗はじっさいのところどこが違うのでしょうか。原料の違いなのか、代謝産物の違いなのか、菌の違いによるものなのか。また、腐敗したものを食べるのと食中毒とは同じなのか。この章の最後に、再度見ていくことにしましょう。

まず、「原料の違い」によって、腐敗が起きるもの、起きないものがあるのでしょうか。

腐敗は、とくにタンパク質を多く含む食品で顕著です。しかし、米飯や野菜、果実類などでも当然、腐敗は起こります。だから、原料によって分けることはむずかしそうです。

また、原料が同じなのに、ときに「発酵」と呼ばれ、ときに「腐敗」となることがあります。たとえば、蒸した大豆に枯草菌を生やして納豆がつくられます。この場合は発酵です。しかし、煮豆を放っておいてそこに枯草菌が勝手に生えてしまい、ネト*やアンモニア臭がしたときは腐敗となります。

では、「代謝産物の違い」で腐敗と発酵が区別されるのかというと、これもそうでもありません。牛乳に乳酸が蓄積して凝固したものは、あるときは腐敗と呼ばれて嫌がられ、あるときは「発酵によってヨーグルトができた！」と喜ばれます。

それでは、「特定の菌群の違い」によって区別されるのでしょうか。これは可能性が高そうですが、これも、そうでもありません。たしかに、乳酸菌を使って、ヨーグルトや味噌がつくられる場合は発酵です。ところが、これが清酒中で増殖した場合には、残念ながら「**火落ち**」** といって腐敗になります。

腐敗は食品に微生物が増殖した結果、食品本来の色や味、香りなどが損なわれて食べられなくなる現象をいいます。微生物の種類がとくに限定されるわけではありません。

それでは食中毒という症状はどのようにして起こるのでしょうか。腐敗した食品を食べると、食中毒になるのでしょうか。一般に腐敗という現象が現れるためには、食品１ｇ当たり1000万～１億個程度の菌数が必要といわれます。腐敗した食品にはこれほど多くの菌が存在するのです。

しかしそれでも、これを食べても下痢、嘔吐など特定の症状が起こることは、通常はありません。

＊ネトとは、食品の中の糖から粘り気のある物質がつくられ、食物そのものに粘り気（ネト）が出てくること。透明で、匂いはない。
＊＊製造中の日本酒に火落ち菌が混入すると、白濁して腐る。この火落ちを防ぐため、**火入れ**という工程がある。なお、火落ち菌は乳酸菌の一種。

これに対して、食中毒は食品衛生上問題となる特定の病原菌が食品中で増殖して起こる現象です。これらの微生物は固有の毒素を生産し、それを食べた人にその微生物特有の症状を起こすものです。つまり、腐敗と違って食品は外見上、著しい変化を伴わないことが多いので、臭いや見かけで判断することはむずかしいのです。

現在わが国では、ウイルスや原虫を含めて20数種類の微生物が食中毒微生物として食品衛生法の対象とされています。

図2-4● 食中毒を起こす微生物

細菌性食中毒（感染型）	サルモネラ属菌、腸炎ビブリオ、ウェルシュ菌、コレラ菌、赤痢菌、チフス菌ほか
細菌性食中毒（毒素型）	黄色ブドウ球菌、ボツリヌス菌、セレウス菌
ウイルス性食中毒	ノロウイルス、A型肝炎ウイルスなど
原虫類	クリプトスポリジウム、サイクロスポラ

以前は細菌性食中毒と伝染病は異なるものとされていましたが、食中毒菌の中にも伝染性のあるものがあることがわかり、両者を区別することは意味がなくなりました。

そのため、これまで伝染病菌として取り扱われてきたコレラ菌、赤痢菌、チフス菌、パラチフス菌も、飲食物を経由してヒトに腸管感染症を引き起こした場合には「食中毒菌」として取り扱われることとなりました。

第3章

食品の成分を科学の目で見る

炭水化物の種類と構造

——単糖類、二糖類、多糖類に分けてみると

食品のほとんどは、生物に由来します。生物の体は多くの元素からできています。

地球上の自然界には90種類ほどの元素が存在し、人や動物の体には、そのほとんどの元素が含まれていると考えてよいでしょう。

しかし、その体を構成する元素は、ほんの一部の元素（炭素、水素、酸素、窒素など）を除くと、大半は非常に低い割合（濃度）でしか含まれていません。このような元素を**微量元素**といいます。この微量元素の多くは、量は少ないのですが、ビタミンや酵素として体内で行なわれる生化学反応を制御するなど、重要な働きを果たしています。

生体を構成する主要な物質は一般に「有機物」といわれるものです。**有機物というのは、かつては生体がつくり出す物と考えられていましたが、化学が進歩すると、必ずしも生体でだけつくられるとは限らないことが明らかになりました。**

そこで現在では、**有機物は「炭素を含む化合物」と、実にか簡単に捉えることにしています**。ただ、「炭素を含んでいる」といっても、あまりに単純な形、たとえば、一酸化炭素CO、二酸化炭素CO_2、あるいは猛毒の青酸（正式名シアン化水素）HCNのような物、あるいは、ダイヤモンドや黒鉛（グラファイト）などのように、炭素原子だけでできている物（単体）は除いています。

有機物を構成する元素は、その大部分が炭素C、水素Hであり、その他に酸素O、窒素N、リンP、硫黄Sなどが含まれます。生体を構成する有機物は、炭水化物、タンパク質、油脂が主なものです。

炭水化物は植物が光合成によってつくったものであり、植物がつくった太陽エネルギーの缶詰ともいうべきものです。地球上に生息する植物以外のほとんどすべての生物は、この炭水化物のエネルギーを利用して生命活動を営んでいます。

それでは、炭水化物とは何なのでしょうか。どのような種類があるのでしょうか。

炭水化物は複雑といえば複雑、単純といえば単純な、実に不思議な化合物です。炭水化物にはいろいろの種類があり、いろいろの分類法がありますが、単純でわかりやすいのは、次の3種類に分けることです。

①**単糖類**……これ以上、分解されない糖。単位分子。ブドウ糖（グルコース）、果糖（フルクトース）などがある。

②**二糖類**……単糖類が2個結合したもの。麦芽糖（マルトース）、ショ糖（砂糖、スクロース）などがある。

③**多糖類**……数千個の単糖類が結合したもの。でんぷん、セルロースなどがある。

基本的に、多糖類の構造は鎖のような物です。鎖は曲がりくねっていて、オマツリ状態になる複雑な物質に見えます。しかし、真っ直ぐに伸びた状態を見れば、この上ないほど単純なものであることがわかります。つまり、同じ形をした無数のワッカが結合しているだけなのです。

炭水化物も同じです。ワッカが結合して長く大きく複雑になっただけのことです。一般にこのような物質を**高分子**とか、高分子化合物といい、各ワッカを**単位分子**といいます。高分子の代表はポリエチレンです。ポリエチレンはワッカに相当するエチレンが数千から1万個以上も結合したものなのです。ポリエチレンの「ポリ」とは、ギリシア語で「たくさん」を意味する数詞です。

炭水化物の場合、このワッカに相当する単位分子が**単糖類**といわれるものです。単糖類には多くの種類がありますが、代表的な物はブドウ糖（グルコース）です。その他に砂糖（ショ糖、スクロース）に含まれる果糖（フルクトース）、乳糖（ラクトース）に含まれるガラクトースも有名です。

単糖類が2個結合（正確には、結合すると同時に水が脱離した脱水縮合）したものを**二糖類**といいます。2個のブドウ糖が結合した麦芽糖（マルトース）、ブドウ糖と果糖が結合したショ糖などがよく知られています。

単糖類が数千個も結合したものを**多糖類**といいます。最も有名な多糖類はでんぷん、セルロースでしょう。

ところで、でんぷんもセルロースも、同じブドウ糖からできています。原料が同じです。すると、でんぷんとセルロースとでは、何がどう違うのでしょうか。

実は、ブドウ糖には右手と左手が違うように、立体的な構造が違う、２種類のブドウ糖があります。それをブドウ糖Ａ、ブドウ糖Ｂと呼ぶことにしましょう。

でんぷんは、このブドウ糖Ａだけでできた多糖類であり、セルロースはブドウ糖Ｂだけでできた多糖類なのです。したがって、でんぷんとセルロースは完全に違う物質ですが、これを微生物の力を借りて分解すると、それぞれブドウ糖Ａ、ブドウ糖Ｂになります。

ここで不思議なことが起こります。このブドウ糖Ａ、ブドウ糖Ｂは、水に溶けた状態では互いに入れ替わります。つまり、ブドウ糖Ａは直ちにブドウ糖Ｂになり、ブドウ糖Ｂは直ちにブドウ糖Ａになります。

ということは、でんぷんを分解しようと、セルロースを分解しようと、いずれもＡとＢの１：１の混合物になるということです。要するに変わりはないのです。

ヤギやウシなどの草食動物は、セルロースを分解することができます。しかし人間は分解できません。なんとか、乳酸菌やビフィズス菌のように、セルロース分解菌を私たちの腸内細菌として共生させることができれば、人間もセルロースを分解して栄養源とすることができるようになるでしょう。そうなったら、秘密の書類はシュレッダーなど使わず、昼食代わりに食べてしまえばよくなるかもしれません。そのうち人類を襲うかもしれない食糧危機も大幅に緩和されることでしょう。

タンパク質の種類と構造

——自然界は「おいしい」ものだけを選択してつくる？

魚介類は動物の一種です。動物の体をつくる主な物質は、タンパク質と油脂です。第7章で魚介類の発酵を見る前に、タンパク質や油脂の構造、その性質について見ておきましょう。

タンパク質は、でんぷんやセルロースなどの多糖類と並んで典型的な天然高分子です。タンパク質の単位分子は**アミノ酸**であり、その種類は無数にありますが、人間のタンパク質は全部で20種類のアミノ酸からできています。

図3-1● タンパク質は20種類のアミノ酸でできている

必須アミノ酸		非必須アミノ酸	
名称	略号	名称	略号
バリン	Val	グリシン	Gly
ロイシン	Leu	アラニン	Ala
イソロイシン	Ile	アルギニン	Arg
リジン（リシン）	Lys	システイン	Cys
メチオニン	Met	アスパラギン	Asn
フェニルアラニン	Phe	アスパラギン酸	Asp
スレオニン（トレオニン）	Thr	グルタミン	Gln
トリプトファン	Trp	グルタミン酸	Glu
ヒスチジン	His	セリン	Ser
		チロシン	Tyr
		プロリン	Pro

この20種類のアミノ酸のうち、人間が自分自身でつくり出すことのできるものもありますが、9種類のアミノ酸については、人間は自分ではつくり出せません。この9種類のアミノ酸のことを、とくに、**必須アミノ酸**と呼んでいます。

人間は必須アミノ酸（9種類）を自分ではつくれないので、外から「食料」として摂取することになります。

さて、この節ではこのあと、少し化学の目で「発酵」を見ていくことにします。化学の話など読みたくない、という方は、遠慮なく次節へ飛んでいただいてかまいません。ただ、自然界と人工的な世界との違いなど、珍しい話もしますので、ざっくりとでも目を通していただくとよいと思います。

まず、アミノ酸は次ページの図3-2のように、1個の炭素Cに4個の互いに異なるものが付着しています。何が付いているかは、いまは重要なことではありませんので省きますが*、このように、互いに異なる4個のもの（置換基）を持つ炭素のことを不斉（ふせい）炭素といいます。不斉炭素を持つ化合物には、光学異性という現象が起こります。

図の分子A、B（左手、右手と書いてある）は、共に分子式は同じです。炭素Cは不斉炭素となっています。図において直線で表した結合は紙面の上に乗っており、楔形の結合は手前に飛び出し、点線の結合は紙面の奥に引っ込むことを表すルールになっています。そういわれてみると、なんとなく、分子の形が立体形に見えてくる

---

*本文では省きましたが、各アミノ酸に固有の原子団（記号R、置換基）、水素原子H、アミノ基NH_2、カルボキシル基COOHが付いています。

のではないでしょうか。テトラポッドに似た形をしています。

図3-2● おいしい、まずいはA、Bの属性

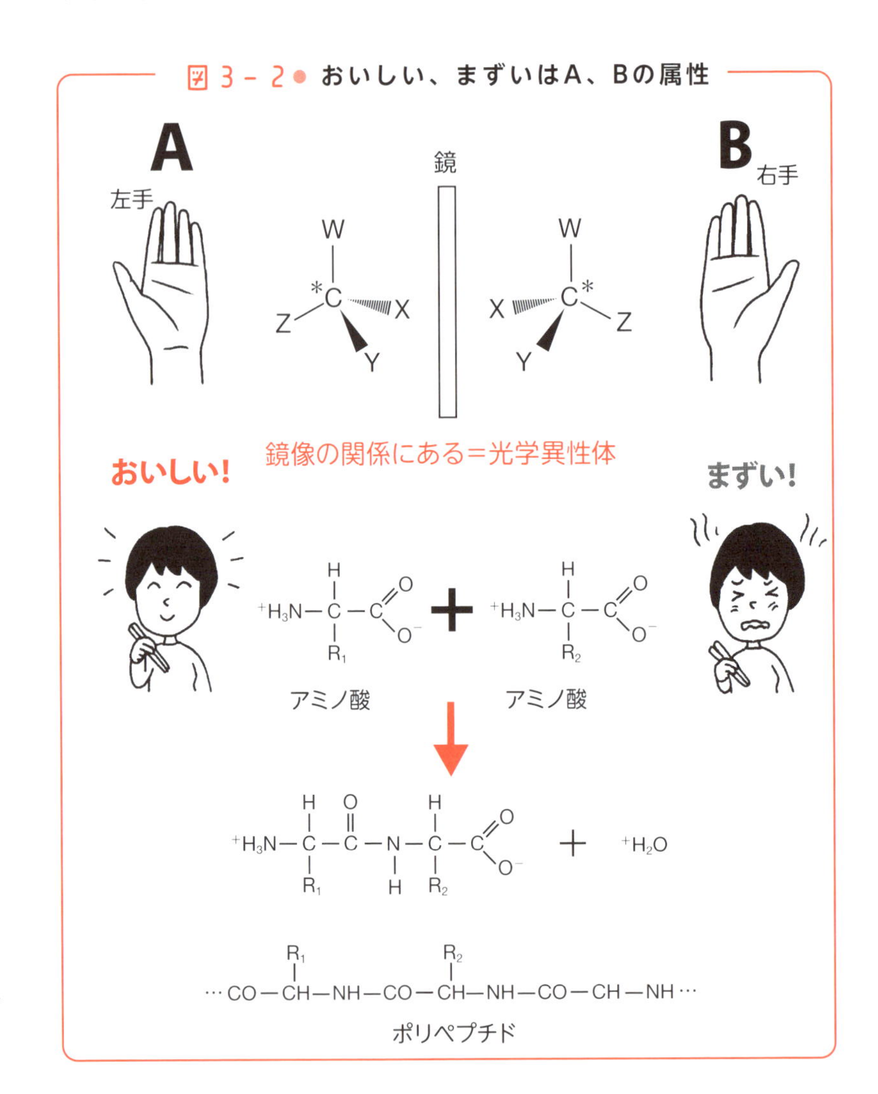

タンパク質の立体構造

――片方はよい味、片方は味がない？

　さて、前節の図 3-2 の A、B を頭の中でクルクルと回転させ、重ねてみてください。絶対に重なりません。これは右手と左手の関係になっているからです。たしかに、右手と左手を鏡に映せば同じですが、実際に同じ向きで合わせようとしても、左右逆になります。つまり、A と B は互いに鏡像の関係になっているのです。

　このような関係にある分子を互いに光学異性体といいます。光学異性体の化学的性質はまったく同じです。A と B の混合物を分離して純粋の A、B に分けることは不可能です。それどころではありません。この分子を実験室でつくると、A と B がちょうど 1 ： 1 で混じったラセミ体と呼ばれる混合物ができます。

　ところが、A と B が生物に対して示す性質はまったく異なります。

　たとえば、**片方はよい味がするのに、片方は味がない**。あるいは、片方は病気を治す医薬品となるのに、片方は病気を引き起こす毒物だったりするのです。まったく性質が違います。

　不思議なことに、自然界には不斉炭素を持つ化合物は非常にたくさんあるのに、実際に存在するのは光学異性体のうちの片方、つまり A、あるいは B だけなのです。この理由は、誰にもわかっていません。アミノ酸の場合は、光学異性体のそれぞれをD体、L体と呼びます。

この分子を人工的につくれば、AとBの両方が同じくらいの比率で存在する混合物になります。ところが、生物につくらせると、不思議なことにA（あるいはB）しかできません。

つまり、自然界に存在するアミノ酸はすべてL体なのです。味の素はグルタミン酸というアミノ酸であり、D体とL体があります。したがって、味の素を実験室でつくると、当然、D体とL体が1：1の混合物になります。このとき、先ほど指摘したように、半分のD体には、味がないことになってしまいます。

しかし、サトウキビの廃汁を微生物で発酵させてつくる現在の方法では、生成するグルタミン酸はすべてがL体であり、「味を持つ分子」である、ということになります。

一般にアミノ基が付着している化合物は塩基性（アルカリ性）であり、カルボキシル基がついている化合物は酸性です。アミノ酸はこの両方の置換基がついているので一般に両性化合物といわれ、性質は基本的に中性です。

アミノ酸はアミノ基とカルボキシルの間で脱水縮合して結合することができます。アミノ酸の間の結合をペプチド結合、複数個のアミノ酸が結合してできた分子を一般にペプチドといいます。

そのうち、2個のアミノ酸でできたペプチドをジペプチド、たくさんのアミノ酸からできたペプチドをポリペプチドといいます。

ですから、タンパク質はポリペプチドである、ということができます。そして、ポリペプチドにはたくさんの種類がありますが、その中で、いわばポリペプチドの中の特別なエリートがタンパク質と呼ばれるのです。

タンパク質の構造は複雑なので、重層的に見ることが重要です。ポリペプチドを構成する20種のアミノ酸がどのような順序で並んでいるかは、タンパク質の構造の基礎であり、これをタンパク質の１次構造、あるいは平面構造といいます。

ポリペプチドが、エリートのタンパク質になるための条件、それが立体構造です。高分子であるポリペプチドは長い紐のような物ですが、タンパク質ではこの紐が特定の様式できちんと畳まれているのです。これはＹシャツを畳むたたみ方の何倍も複雑であり、しかも再現性があります。

タンパク質の立体構造は、基本的な立体構造の組合せでできています。この基本構造は２次構造と呼ばれ、さらに２次構造が組み合わさって３次構造になります。

ふつうのタンパク質がこの３次構造までといえますが、もっと複雑な構造を持つタンパク質もあります。それが魚類や哺乳類、鳥類などで酸素運搬をしているヘモグロビンです。これは３次構造を完成させたタンパク質が２種類４個、集まって一つの集団タンパク質として機能しているのです。このような構造を４次構造といいます。

タンパク質の立体構造がいかに大切なものであるかを端的に示したのが狂牛病でした。これは牛の体内にあるプリオンタンパクというタンパク質が、平面構造は何の変化も無いのに立体構造だけが変化することによって起きた病気でした。

3-4

タンパク質と酵素

――酵素が無ければ始まらない

タンパク質は、魚介類をはじめとする動物の体や筋肉をつくるだけではありません。**すべての酵素もタンパク質からできている**のです。発酵は微生物の持つ酵素によって起こる現象です。つまり、発酵、腐敗、熟成など、食品の自然変化はすべてタンパク質によって引き起こされる現象といってよいのです。

酵素は唾液中のアミラーゼで有名なように、食品の大きな分子を分解して消化吸収に便利な小分子にします。また、生化学反応の触媒として働き、反応を促進します。酵素が無ければ生命体は生化学反応を行なうことができず、栄養を摂ることはもちろん、それを代謝（酸化）してエネルギーに変換することもできません。つまり、生命の火を灯し続けることはできません。

それだけではありません。細胞分裂を行なうときには、DNA が分裂複製を行ないます。この役割をするのも酵素です。さらに DNA の遺伝暗号に基づいて個体の生命体をつくるのも酵素なのです。酵素が無ければ生命体は存在できないのです。

酵素には非常に多くの種類がありますが、その基本はタンパク質です。“基本は…”というのは、**タンパク質以外の部分もあるからです。それは多くの場合、金属イオンです**。先に見たヘモグロビンも酵素の一種と考えることができますが、ヘモグロビンは鉄イオン Fe^{3+} を含んでいます。その他にも亜鉛イオン Zn^{2+}、銅イオン Cu^{2+}、カルシウムイオン Ca^{2+} などいろいろの金属が含まれています。

金属イオンを除いた酵素の主体部分はタンパク質です。タンパク質のポリペプチド構造、つまり平面構造はふつうの分子と同様に大変、頑丈で、簡単に壊れるものではありません。

ところが、タンパク質の立体構造は大変にデリケートです。ちょっとした条件で、すぐに変化して壊れてしまいます。しかもこの変化は不可逆的で、多くの場合、元に戻ることはありません。

よい例が卵です。生卵を 60 ～ 70℃に温めるとゆで卵になりますが、ゆで卵をいくら冷やしても、もとの生卵には戻りません。これは卵のタンパク質の立体構造が不可逆的に変化した結果です。

タンパク質の立体構造は熱以外にも、アルコールなどの薬品、酸・塩基等の条件によっても変化します。マムシなどの毒蛇を焼酎に漬けておくと、毒が無くなるのもこの理由です。毒蛇の毒はタンパク質からできたタンパク毒です。そのため、アルコールによって立体構造が変化して無毒になるのです。

タンパク質のこのような性質を持つため、酵素には最も働きやすい固有の条件があります。いくつかの例を次ページの図 3-3 に示しました。たとえばアミラーゼは 50℃で最も活性が高くなりますが、コハク酸脱水素酵素では 40℃程度が最高です。そして高温になると急速に活性を失います。

またペプシンは強酸性の pH=2 で活性が最高になりますが、トリプシンでは弱アルカリ性の pH=8 で最高となります。

図3-3● 酵素が働きやすい条件とは

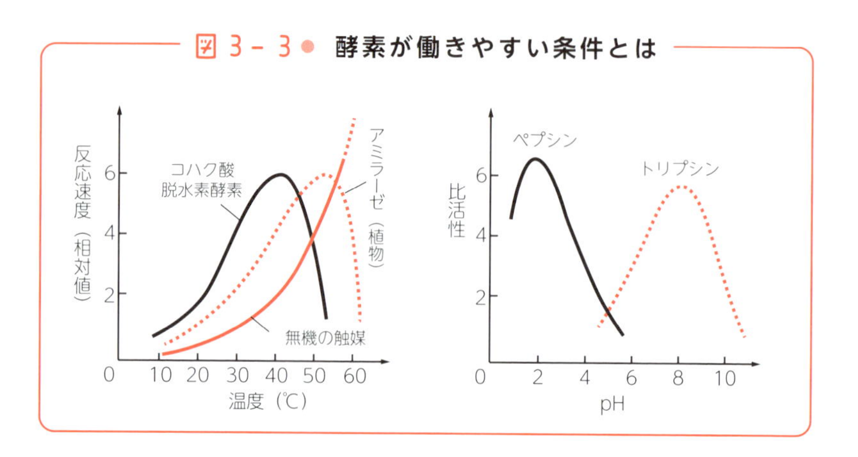

酵素でよくいわれるのは「鍵と鍵穴」の関係です。特定の酵素は特定の基質の化学反応には影響しますが、それ以外の基質には影響しないというのです。この関係は、鍵は特定の鍵穴にはフィットしますが、それ以外の鍵穴にはフィットしないことから、**鍵と鍵穴の関係**といわれます。

図3-4● 酵素は「鍵と鍵穴」の関係

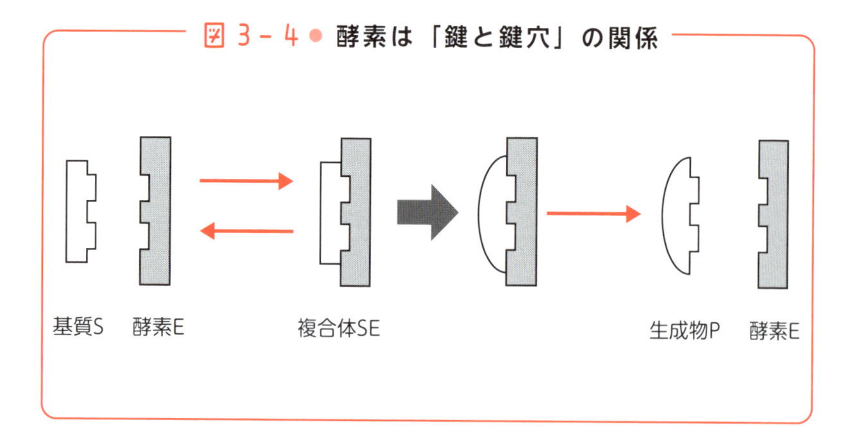

これは純然たる化学反応の結果です。基質Sが生成物Pに変化する反応を酵素Eがサポートしたとしましょう。このとき、Eはま

ずSに反応して複合体SEを形成します。この状態でSが他の反応物の攻撃を受けてPに変化し、その後PとEが解離して反応が終結します。Eは再度別のSと反応して次の反応をサポートします。そのため、酵素Eは反応の前後を通じて変化しないといわれるのです。

図3-5はこの複合体SEの構造の一例を表したものです。影を付けて表した酵素と、基質の間の3か所に点線で表した結合があります。これは一般に水素結合といわれる結合で、生体では非常に重要な結合です。複合体ができるためにはこのような結合ができる必要があるのです。

図3-5 ● 複合体SEの構造

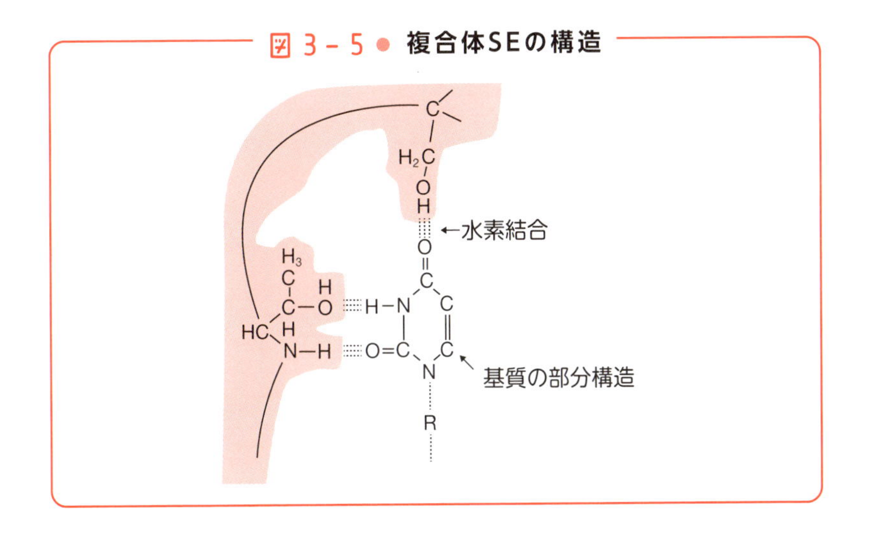

そして、酵素と基質の間に、このような結合ができるのはめったにあることではありません。両者の立体構造の間に特定の約束関係があって初めてできることです。これが鍵と鍵穴の関係の化学的説明なのです。

3-5 油脂の種類と構造

――脂肪酸の分子構造の違いに由来

液体には多くの種類があります。最も一般的な液体は「水」です。水はさまざまな物質を溶かします。塩を溶かせば塩水、砂糖を溶かせば砂糖水です。このように、水にいろいろの物質（溶質）が溶けた液体を「水溶液」といいます。水にエタノールの溶けたお酒、酢酸の溶けた酢、水に塩やアミノ酸が溶けた醤油などは料理でおなじみの水溶液です。

水や水溶液でない液体もあります。石油や食用油などの、いわゆる「油」がそれです。しかし、一口に油といっても、石油と食用油では大きな違いがあります。石油は一口にいえば炭素と水素だけからできた炭化水素です。

それに対して、食用油は一般に中性脂肪といわれるものです。食用油のうち、ヘット（牛脂）やラード（豚脂）など温血動物の油脂のように室温で固体のものを脂肪、植物や魚介類の油のように室温で液体のものを脂肪油といいます。

食用油、つまり中性脂肪はグリセリンというアルコールの一種と、脂肪酸という有機酸からできたエステルです。その構造は図 3-6 に示した通りです。

したがって、中性脂肪（食用油：左端）が体内で分解されると、

1分子のグリセリンと3分子の脂肪酸になります（矢印の右側）。

食用油の質の違いは、この脂肪酸の分子構造の違いに由来します。

図3-6● 食用油の質の違いは、脂肪酸の違いによる

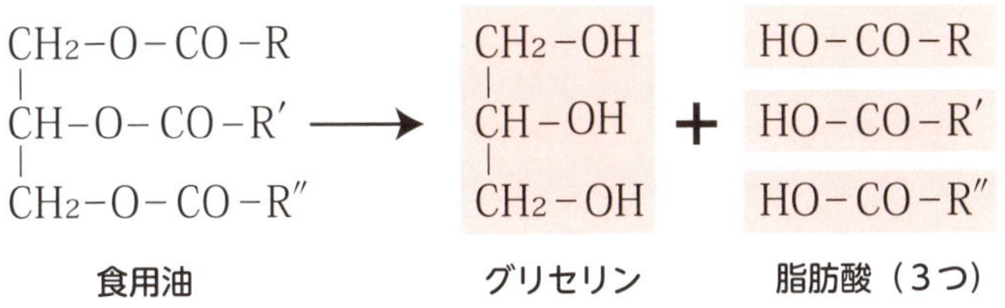

$$\begin{array}{l} CH_2-O-CO-R \\ \vert \\ CH-O-CO-R' \\ \vert \\ CH_2-O-CO-R'' \end{array} \longrightarrow \begin{array}{l} CH_2-OH \\ \vert \\ CH-OH \\ \vert \\ CH_2-OH \end{array} + \begin{array}{l} HO-CO-R \\ HO-CO-R' \\ HO-CO-R'' \end{array}$$

食用油　グリセリン　脂肪酸（3つ）

一般に哺乳類の油脂、脂肪をつくる脂肪酸は二重結合を含みません。このような脂肪酸を飽和脂肪酸といいます。それに対して植物や魚介類の油脂、つまり脂肪油をつくる脂肪酸は二重結合を含むので不飽和脂肪酸といわれます。「頭をよくする」といわれる青魚に含まれるEPAやDHAは不飽和脂肪酸です。

不飽和脂肪酸の炭素鎖のうち、端っこ（ギリシア語のアルファベットで最後の文字はω（オメガ））から数えて3番目の炭素はω-3という記号で表されます。不飽和脂肪酸のうち、二重結合がこのω-3炭素から始まるものを、とくに**ω-3脂肪酸**といいます。この脂肪酸は健康によいということが知られているようです。ちなみにEPAとDHAは共にω-3脂肪酸です。

液体の不飽和脂肪酸に、適当な触媒存在下で水素ガスH_2を反応させると、水素分子が二重結合に付加して二重結合を一重結合に変えます。すなわち不飽和脂肪酸を飽和脂肪酸に変えます。この結果、液体の脂肪油が固体の脂肪に変化します。

　このようにしてできたのが硬化油と呼ばれる人工油です。マーガリン、ファットスプレッド、ショートニング、あるいはセッケンなどとして広く利用されています。

　ところが、硬化油の中には、すべての二重結合が一重結合に変化したのではなく、1個の二重結合がそのまま残っているものがあることがわかりました。そして、困ったことがわかったのです。というのは、二重結合の立体構造に関したことです。

　脂肪酸の二重結合には2個の炭素C、2個の水素Hが結合しています。この場合、2個のHが二重結合の同じ側に結合したシス型と、反対側に結合したトランス型の、二種の可能性が生じます。その違いは図3-7に示しましたが、片方は分子の形が真っ直ぐなのに、もう片方は曲がる、というように大きく異なります。

図3-7 ● トランス脂肪酸は有害？

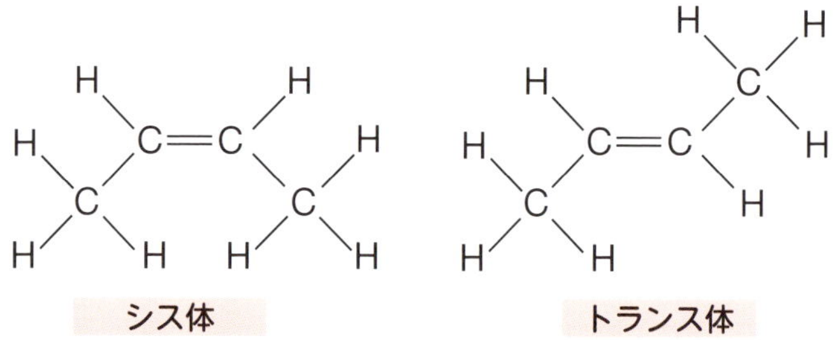

シス体　　トランス体

　自然界にはこのような場合、シス型しか存在しません。ところが、硬化油の場合にはトランス型になってしまうのです。そして世界保健機構WHOは、トランス脂肪酸は健康に有害であると認めたのです。これが現在話題になっている**トランス脂肪酸**の問題です。

第4章

味覚と調味料の関係を科学の目で見る

「味」は何で決まる？

——5つの基本味とは？

食物を食べるとき、最も重要なのは「味」でしょう。美味しい食物に出会えれば食欲も増しますし、たくさん食べて健康にもよいでしょう。しかし、まずい場合には食欲が減退します。

発酵食品をつくる目的は、食品に複雑で美味しい味を付加することにあるといってよいでしょう。

食物が美味しいかどうかを判定する要素はたくさんあります。「味」はもちろんですが、その他にも「匂い（香り）」や「見た目（外観）」もあります。いくら美味しくても、匂いが酷ければ食欲はなかなかわきません。

匂いで話題になるのは、南方の果実ドリアンです。ドリアンはラグビーボールを一回り小さくしたような茶色の果実です。表面の硬い殻を取ると、内部に白いアイスクリームのような見た目の果肉があります。ネットリと甘く、大変に美味しい果物です。ところが、匂いが大変です。イオウ系の匂いがするのです。

食欲をそそる要素としては、料理の外観、見た目も大切です。日本料理は舌で味わうのでなく「目で味わえ」といわれるのは、このことです。美しい皿に季節感を添えて上品に盛り付けられた日本食は、たしかに一幅の絵のような美しさがあります。

図4-1 ● 食欲をそそる要素は？

このように「美味しさの要素」はいろいろとありますが、それでも「美味しさの基本」といえば、やはり味です。

「味」というものがどのようなものかについては長い研究がありましたが、西洋文明では味に４つの基本要素があると考えていました。「甘味、塩味、酸味、苦味」です。辛みもありそうですが、辛みは「独立した味」とは見なされません。辛みは痛覚を刺激する痛みにすぎない、と考えるのです。

この４つの基本味に異を唱えたのが、日本人の味覚でした。日本人は４つの基本味の他に、「もう一つの要素」があることを伝統的に知っていたのです。それが「旨味（うまみ）」でした。日本料理の美味しさが世界に認められると同時に、日本人の味に対するこだわり、鋭敏さも認められ、現在では先の４つの要素に旨味を加えて味の５要素といわれています。

味を決める5つの要件

——甘味、塩味、酸味、苦味、そして旨味

5つの基本味は人間の生存に深く関わっています。

図4-2●「味」には5つの基本の味がある

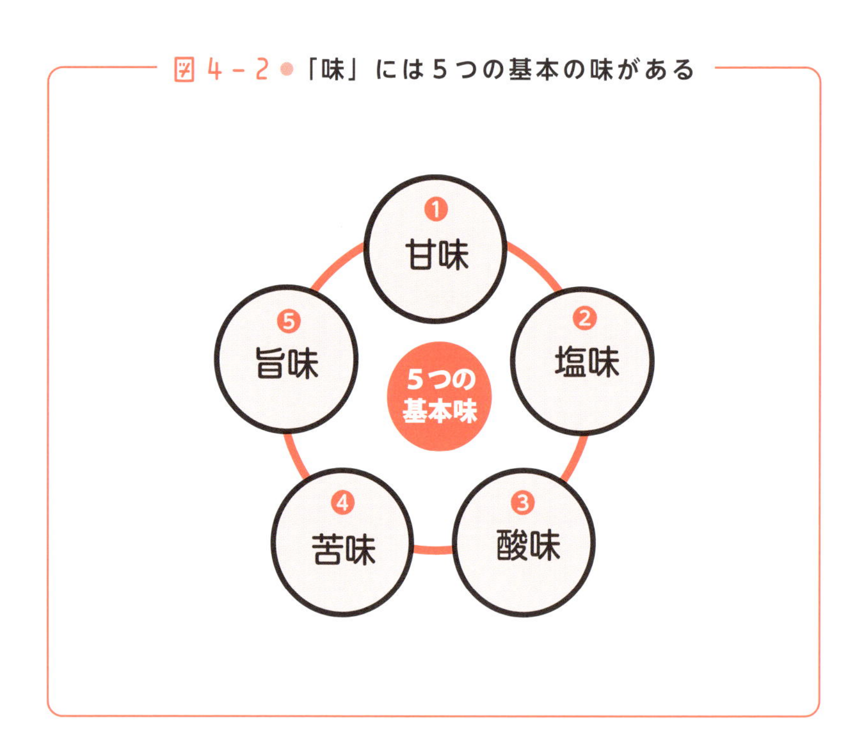

❶甘味（あまみ／かんみ）

甘味はエネルギー源を見つけるためのセンサーです。人間が生きるためには脳、内臓、筋肉を動かし、食物を消化、吸収、代謝する

ためのエネルギーが必要です。このエネルギー源となるのが、グルコース（ブドウ糖）やでんぷんなどの糖類なのです。

糖類は、植物が二酸化炭素 CO_2 と水を原料とし、太陽の光エネルギーを用いて光合成でつくり出したもので、まさしく太陽エネルギーの缶詰のような物です。食物にこのエネルギーの缶詰が入っているかどうかを見定めるのが「甘味」なのです。疲れたときに甘いものが欲しくなるのは、このような理由によるものです。

❷塩味（えんみ／しおあじ）

塩味といえば、食塩（塩化ナトリウム NaCl）です。食塩には細胞の浸透圧を調節する重要な役割があります。またナトリウムイオン Na^+ は神経細胞が情報伝達を行なう際の重要なイオンです。自然界に存在する食塩には NaCl だけでなく、不純物として各種のミネラル成分（金属元素）が含まれています。私たちの体液バランスを保ち、体の機能を微調整するには、これらのミネラルを摂取する必要があります。**塩味はミネラル分を摂取するためのセンサーと考えることができます**。

❸酸味（さんみ）、❹苦味（にがみ）

酸味や苦味は、美味しさとは異なる理由で進化してきたものと考えられます。苦味は毒物に特徴的な味であり、酸味は腐敗物の特徴的な味です。つまり、酸味や苦味は、本来、人間が命を守るために避けなければならない物質の味、警告のシグナルなのです。

ですから、幼児がとても酸っぱい物やピーマンのような苦い野菜を嫌がるのは、自然な行動です。不思議なことに、大人になるにつれ酸味や苦味に対する味覚が変化し、美味しい、旨いと感じていくのです。

❺旨味（うまみ）

旨味を科学的に明らかにしたのは、日本の科学者池田菊苗（きくなえ）（1864～1936）でした。彼は旨味の素である昆布を研究したのですが、そこから抽出したのはタンパク質をつくるアミノ酸の一種、グルタミン酸でした。つまり、**旨味は食べ物に含まれるアミノ酸（タンパク質）に対するセンサーになっているのです**。

タンパク質は焼き肉のお肉になるだけではありません。酵素として生化学反応を支配し、DNA が運んできた遺伝情報を基に生体をつくる際の、いわば建築屋さんでもあります。タンパク質は生物にとって最も重要な物質ということができるでしょう。

発酵食品の味が増すのは、その多くが旨味の増加によるものと考えられます。というのは、発酵が進むとタンパク質が分解し、グルタミン酸などのアミノ酸が発生するからです。また DNA が分解すればイノシン酸などの核酸が増加しますが、核酸も旨味の条件として大切な要素となっています。

ところが最近、これら 5 つの基本味に加えてもう 1 種類付け加えようとの説が出ています。その候補はいくつかありますが、主なものを見てみましょう。

候補 1：カルシウム味

これは牛乳の味からきています。カルシウム Ca の味は通常、「苦味・酸味・塩味が複雑に絡み合った味」だといわれます。しかし、カルシウムに対する味覚が、独立した味覚である可能性があるようなのです。実験では、カルシウム不足のマウスはカルシウムに対する食欲を示すことがわかりました。また、マウスの舌にはカルシウムに対するセンサーがあるようだということです。

候補２：脂味（あぶらみ）

人に脂を含む飲料と含まない飲料を飲んでもらい、脂の有無を区別させた結果、その区別が可能なことがわかりました。脂の味は通常、甘味や旨味として感じられているとされています。ただし、実験では脂味の区別ができただけで、舌の上に脂味に対するセンサーがあるのか、甘味や旨味と別物として処理されるのかなどに関しては、まだわかっていません。

候補３：コク味

豚骨ラーメンの味のような「コク」を言葉で表現するのは困難ですが、分子レベルでは少しずつ明らかになっています。

コクを発現する物質と考えられているのが「グルタチオン」であり、これはアミノ酸が３個結合した物で、一般にトリペプチドといわれる物質です。「グルタチオン」という物質は、コクを持つとされており、それ自体には味がないものの、他の味覚の広がりや持続時間に影響を与えている可能性があるといいます。

第６の味覚になるというよりは、基本５味に影響を与えるエフェクターとしての役割といえそうです。

味覚の科学

——「味の違い」が数値でわかる?

料理を具体的に味わうのは「**味覚**」ですが、味覚はどのようなしくみになっているのでしょうか。食品に限らず、すべての物質は固有の分子の集団からできています。味覚はこれらの分子、つまり味分子が人間の持つ味覚センサーと反応した結果起こる現象といえます。そして人間の場合、この味覚センサーは「舌」ということになります。

舌は全部分が平等に味を感じるのではなく、部分によって感じる味に違いがあるといわれます。図 4-3 の左は、舌のどの部分がどの味を感じるかを表したものです。しかし、これは単純化したものであり、各部分はその「担当分野」以外の味も感じていることがわかっています。

舌には**味蕾**(みらい)(図 4-3 の右)という感覚器官が無数についており、その味蕾は味細胞という無数の細かい細胞からできているのです。この味細胞が、味分子の発する情報をキャッチして脳に伝えるのです。

それでは、味細胞は味分子の情報をどのようにしてキャッチするのでしょうか。味細胞は細胞であり、すべての細胞は細胞膜を持っ

図 4-3 ● 人の下の味覚地図と味蕾の構造

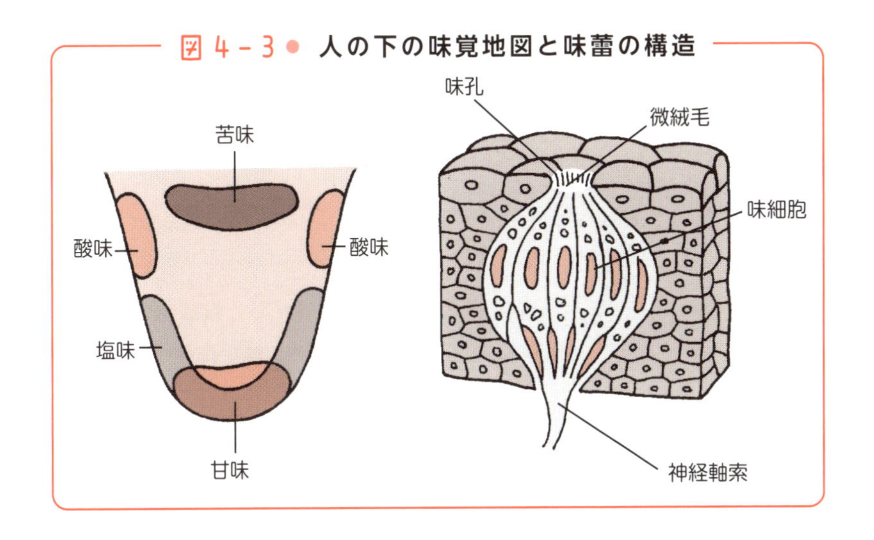

ています。味分子が味細胞に付着すると、味分子は細胞膜を隔てて味細胞と接することになります。

すると、細胞膜を隔てた両側（細胞の内外）の溶液の種類、濃度によって細胞膜を挟んだ電圧（膜電位）が生じます。この電圧の変化を神経細胞が感じ取って、脳に伝えるのです（図 4-4）。

このようなしくみさえわかってしまえば、話は簡単です。この原初的なモデルを組み立てるのは、現代化学にとっては簡単なことだからです。

次ページの図 4-5 は細胞膜のモデル物質を使った実験です。互いに異なる 8 種類のモデル膜（1 ～ 8）を合成します。その膜で容器を二分し、片方に標準溶液、もう片方に測定試料液を入れて、両者の間の電位差を測ります。

図 4-6 の 4 つの折れ線グラフは、その結果を示したものです。

図4-4● 細胞膜では「内・外」の濃度差で電位差が現れる

味細胞
細胞膜の
外側
内側
電位差
V
濃度が高い
濃度が低い
細胞膜

図4-5● 細胞膜と同じモデルをつくってみる

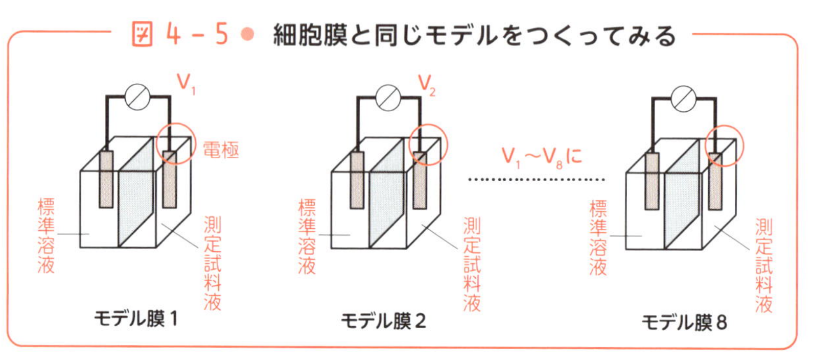

図4-6● 電位差から「味」が判別できる

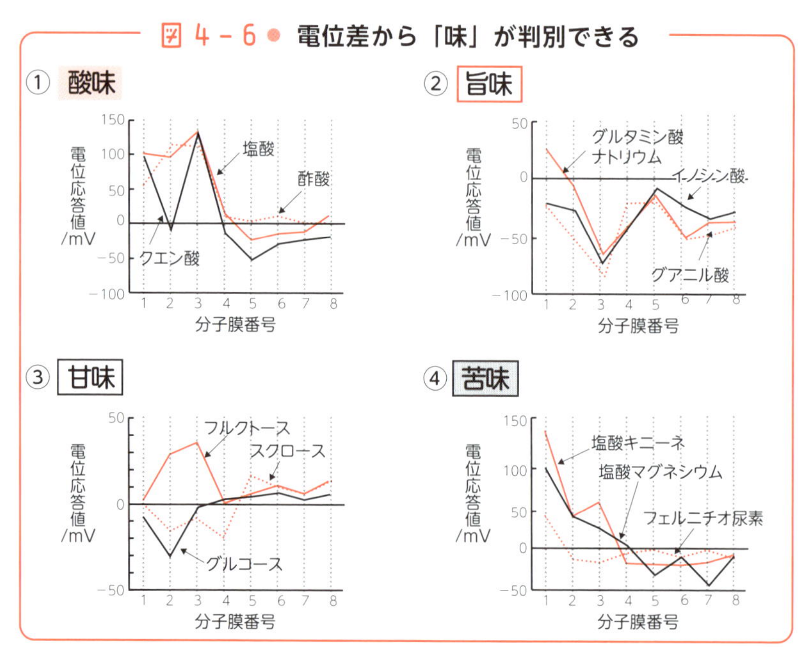

「①酸味」についての結果では、塩酸、酢酸、クエン酸という酸味のある試料はすべて似たようなパターンを与えています。同じことは「②旨味」「④苦味」についても観察されます。ところが、「③甘味」に関してはフルクトース（果糖、二糖類）がずれていますが、スクロース（砂糖、二糖類）とグルコース（ブドウ糖、単糖類）はよく似たパターンとなっています。

ということは、食品の基本味はわざわざ人間が舐めて検査しなくても、このような装置で検査すれば数値でわかる、ということを示しています。このことは食品の大量生産における品質管理に役立っています。

はっこうの窓

細胞膜も脂肪でできている

細胞膜はシャボン玉のような物です。シャボン玉の膜は細長いセッケン分子が縦に並んでつくった膜です。その様子は小学校の朝礼で校庭に整列した子供たちの集団のようなものです。

この集団を3階の屋上から見たら、子供たちの黒い頭は海苔のような膜状に見えるでしょう。このような分子集団を一般に「分子膜」と呼んでいます。

細胞膜は典型的な分子膜です。ただし分子膜をつくる分子はセッケン分子ではなく、脂肪分子の一種です。ですから脂肪を摂らなかったら細胞をつくることができなくなります。ダイエットも結構ですが、必要な栄養分は摂らなければいけません。

4-4

味の抑制効果、対比効果とは？

——調理で味が変わるしくみ

調理とは、複数種類の素材を総合し、より複雑で深みがあって美味しい料理をつくることといえるでしょう。この際、欠かせないのが調味料です。調味料は民族によってたくさんの種類が知られています。しかし、基本になるのはこの場合も、「甘味、塩味、酸味、苦味、旨味」の５つの基本味です。

実際の食品、料理では５つの基本味が単独で出てくることはありえません。甘味だけの料理、塩味だけの料理など、料理とはいえないでしょう。

料理には、５つの基本味が複雑に混じり合っています。この場合、基本味は人にきちんと知覚されているのでしょうか。

図 4-7 のＡは苦いコーヒーに甘い砂糖を入れていった場合に、人間が感じる味の変化を表したものです。つまり、コーヒーという基本素材に砂糖という調味料を加えたと考えてよいでしょう。

コーヒーに砂糖を入れていくと、当然ながら甘味は増えていきます。苦味のほうは変わりません。ところが、苦味の成分量は変わっていないにもかかわらず、人間が感じる苦味は徐々に減少していくのです。これを**味の抑制効果**といいます。

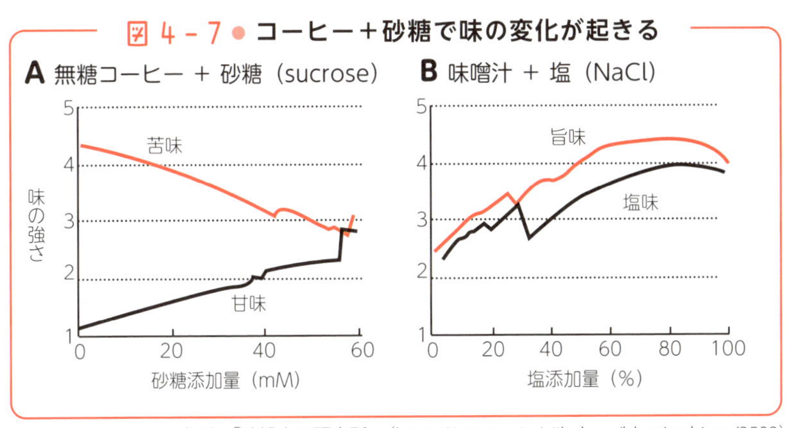

出所：「味博士の研究所」（https://aissy.co.jp/ajihakase/blog/archives/3592）

図4-7のBは味噌汁に塩分を加えていった場合を表しています。塩分が増えると同時に、旨味がより増えたように感じています。これを**味の対比効果**といいます。ぜんざいを食べるとき、甘さとは対極にある塩を入れるのがこの効果です。スイカに塩を振るのも同じです。これも調味料の効果ということができるでしょう。

複数の味が相乗された場合の効果は、次のデータからも読み取れます。

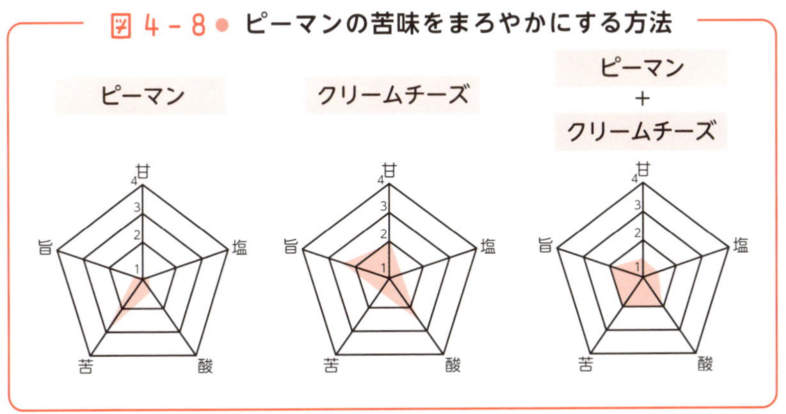

出所：「味博士の研究所」（https://aissy.co.jp/ajihakase/blog/archives/3652）

図 4-8 の左はピーマンの味を基本味の割合で示したものです。さすがにピーマンだけあって、苦味が突出しています。中央はクリームチーズです。旨味と酸味が強くなっています。

右はこの両者を混ぜた物（料理）の味です。ピーマンの苦味が抑えられ、同時にクリームチーズの酸味、旨味も抑えられています。これは味がまろやかになって、食べやすくなったことを意味します。子供にピーマンを食べさせたければ、この組合せがヒントになりそうです。

図 4-9 ●「肉料理には赤ワイン」が合う理屈

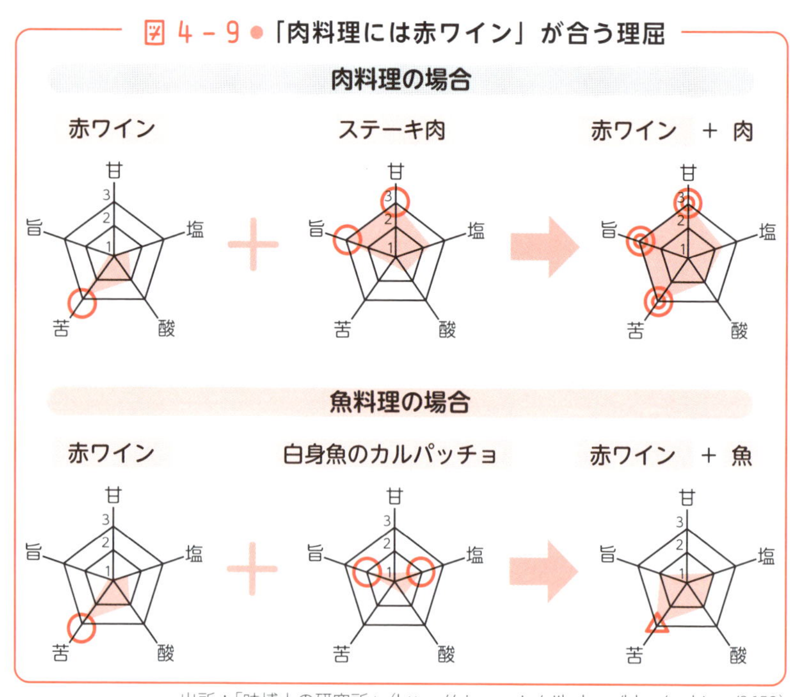

出所：「味博士の研究所」（https://aissy.co.jp/ajihakase/blog/archives/3652）

料理にお酒は付き物ですが、洋食の場合、肉料理には赤ワイン、魚料理には白ワインといわれます。料理とワインの組合せはどのような効果を生むのでしょうか？

図 4-9 は赤ワインと肉、魚それぞれの相性を表したものです。ステーキを合わせると甘味、苦味、酸味が豊かになっていることがわかります。それに対して魚料理の場合には苦味が強調されています。これは赤ワインには肉が合うことを示唆するものです。

図 4-10 ●「魚料理には白ワイン」が合う理屈

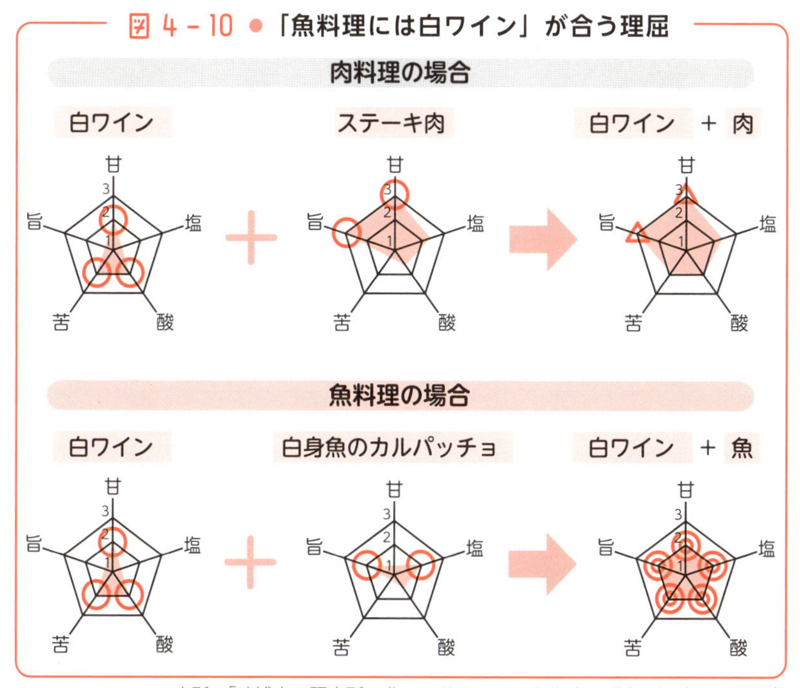

出所：「味博士の研究所」（https://aissy.co.jp/ajihakase/blog/archives/3652）

同じことを白ワインに対して行なうと（上図）、かなり異なった結果が得られます。つまり、魚料理のほうが、5 味が均等になり、食べやすい味になっています。

このように、基本になる素材に、少量の他の素材を組み合わせると、全体の味は単なる足し算では終わりません。複雑な相乗効果が生まれ、料理はさらに美味しくなるのです。これが調味料の魔力です。

発酵では食品が微生物の力によって分解・変質され、アミノ酸やさまざまな大きさのペプチド類、あるいはさまざまな長さの糖類に分解され、多様な味を持った成分が醸成されます。

このような味の多用さこそ、食品全体の旨さ、味わいに大きく影響してくるものと思われます。

はっこうの窓

赤・白・ロゼ

ワインには赤い色の「赤」、無色透明の「白」、バラ色の「ロゼ」の三種類があります。これらの間にはどのような違いがあるのでしょうか？

「赤」は黒色系のブドウの果実を果皮、種子共に混ぜて発酵させます。「白」は黒ブドウの発酵前に果皮や種子を取り除きます。そのため、色が着きません。「ロゼ」は赤と白を混ぜればよさそうですが、ヨーロッパではそのような安易な方法は禁止です。

ロゼは次の３種のいずれかでつくります。①黒ブドウと白ブドウを混ぜて発酵する、②黒ブドウの果汁だけを発酵する、③黒ブドウを発酵させてロゼ色になった時点で果皮を取り除く、です。ワインを大切にする心構えが伝わってきます。

第5章

味噌・醤油……発酵調味料をもう一歩知りたい

5-1 発酵調味料の歴史をひもとくと

――その主役は常に「大豆」だった

調味料は、最初は自然発生的にできたものだと考えられます。昔の人が海岸で貝を拾い、それを食べれば貝には塩水が付いています。塩水には食塩（塩化ナトリウム）NaCl、にがり（硫酸マグネシウム）$MgSO_4$など、塩味、苦味の成分が複雑に混じっています。つまり、海水が調味料になったわけです。

山で獣を狩り、その肉を食べれば土が付着しているかもしれません。その土には食塩だけでなく、各種の金属塩が混じっています。また、木の葉に載せて食べれば、木の葉の香りが食べ物に移るでしょう。これらも一種の調味料です。

図5-1● 山と海で「自然の調味料＝塩」が取れた

その後、狩猟栽培の技術が向上すれば、食料の獲得量が増え、余った分は貯蔵したいと考えます。こうなると、いよいよ微生物の活躍の時代です。もちろん、条件が悪くて腐敗し、食べることができなくなることもあるでしょうが、たまたま条件がよければ微生物によって発酵して味が変化することになります。すなわち、発酵食品、発酵調味料の登場です。

発酵調味料がいつ頃から発生したのかについての明らかな情報はありませんが、酢の歴史はかなり古いことが知られています。紀元前5000年頃、バビロニア地域ではナツメヤシ、干しぶどうから酢がつくられたという記録が残っています。紀元前13世紀頃には、『旧約聖書』の「モーゼ五書」の中に、ワインからつくった酢のことが記述されています。

紀元前1100年頃の中国には、「酢づくり」の役人がいたことが記され、酢が漢方薬としても用いられたとされています。時代が下って紀元前400年頃の古代ギリシアでも、「西欧医学の父」と呼ばれたヒポクラテスが、酢を病気の治療に用いたといわれています。さらに紀元前30年頃になってくると、古代エジプト時代の女王・クレオパトラが、美容のために酢に真珠を入れ、それを溶かして飲んだといわれます。

15世紀～17世紀の大航海時代には、新鮮な野菜や果物の欠乏が原因の「壊血病（かいけつびょう）」を予防するため、酢にさまざまなスパイスや野菜を漬けることが盛んになりました。現在のピクルスにあたるものですね。

日本では400年頃になると、中国から酒づくりの技術と前後して、酢づくりが伝わったとされています。奈良時代の宮中の晩餐会では、四種器といわれる調味料（醤、酒、酢、塩）を入れた器が添えられていたといいます。

室町時代に書かれた料理書『四条流包丁書』には、それぞれの魚に合った「合わせ酢」が紹介されています。そして江戸時代になると、味噌、醤油とともに、酢が庶民にまで普及しました。それに伴ってそれまでの「熟れ鮨（なれずし）」などの「発酵すし」とは異なった、飯にお酢を混ぜてつくる「押しずし」などの「早ずし」が広まりました。現代の寿司と同じものです。

この頃は、米からつくった米酢が一般的でしたが、1800年代になって普及した、「握りずし」には酒粕からつくった「粕酢（かすず）」が使われるようになりました。

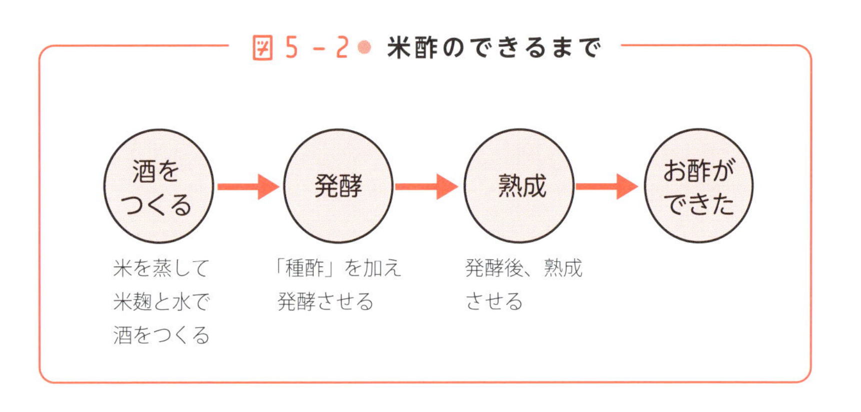

図5－2● 米酢のできるまで

一方、醤油の母体に相当する物は、どうだったでしょうか。日本では縄文時代に発生していたものと思われます。

しかし、本格的な醤油の製造技術が発展したのは紀元前700年頃の中国であり、周王朝の書物『周礼（しゅうらい）』には「醤（ひしお）」の記述が残っている、といいます。日本に醤が伝わったのは4～6世紀の大和朝廷の頃であり、中国や朝鮮から伝わったものと考えられます。

味噌の起源も同じ頃であり、醤（ひしお）になる前の大豆を食べたところ美味しかったので、独立した食品として扱われたようです。味噌という名前も「未醤（みしょう）」、すなわち「未だ醤にならない物」という意味から出た言葉とされています。

味噌は最初のうちは特権階級だけが食べることのできた、とても贅沢な食品として扱われていました。味噌汁などに使われるのは鎌倉時代になってからといいます。これが基になって「一汁一菜」という、「味噌汁＋副食」からなる、武士の基本食スタイルができたものといわれます。

中国の発酵調味料としては辣醤（ラージャン）、豆板醤（トウバンジャン）、甜麺醤（テンメンジャン）、蝦醤（シャージャン）、豆鼓（とうち）などがあります。これらはいずれも大豆を原料としたもので、味噌に似ています。韓国にも似た調味料としてコチュジャンがあります。中国の各種醤、韓国のコチュジャン、これに日本の味噌、醤油を加えると、シルクロードならぬ「発酵調味料ロード」が出来上がるようです。このロードはさらに、東南アジアのニョクマム、ナンプラーなどの魚醤（ぎょしょう）に繋がることになります。

魚醤というのは第１章でも簡単に触れたように、小魚を塩漬けにして（魚の種類はさまざま）長期間保存した結果、魚のタンパク質が分解してアミノ酸となり、それと塩水が相まって、旨味豊かな汁になったものです。日本でも秋田のしょっつる、能登半島のイジルなどが知られています。

大豆の栄養素と発酵

——発酵食品は健康維持にどう役立つか？

日本は発酵食品の王国といわれています。多くの食材を利用した多くの発酵食品がありますが、中でも代表的なのは味噌、醤油でしょう。

世界の調味料の中で、味噌、醤油に匹敵するようなものが存在しないのは、発酵に適した高温多湿の気候条件が整わなかった、適当な微生物が存在しなかった、発酵食品を好まなかった等の要因が挙げられます。

しかし、もう一つ大きな条件があります。それは「大豆」の存在です。**味噌も醤油も、大豆からつくります**。そして大豆を主な食料とするのは中国、韓国、日本など、東北アジアの限られた地域だけなのです。

大豆の起源は中国東北部で、4000年前から栽培されており、日本には約2000年前に伝来したといわれます。大豆はタンパク質・脂質・繊維質・ミネラルなどをバランスよく含んだ、栄養豊富な食品です。

この大豆にはいろいろな加工が加えられ、数多くの食品がつくられてきました。原料素材に近い物から挙げると、枝豆、きな粉、煮豆に始まり、豆腐・豆乳・湯葉（ゆば）（あるいは湯波）、扶（ふ）のように大豆

図5－3● 発酵調味料の主な原料は「大豆」だった！

タンパク質を利用した食品、さらには発酵食品である納豆・味噌・醤油と多種多様です。

大豆には多くの栄養素が含まれますが、中でも重要なのが、植物性タンパク質です。これが発酵菌に出会うと分解されて、単位物質であり同時に旨味の素となるアミノ酸となります。

一般に発酵は、原料となる食品の保存性を増加させ、おいしさを高める働きがあります。さらに最近、**発酵食品が人間の健康維持に寄与する**機能性が解明されるようになり、発酵食品の意義が改めて認識されています。

大豆の場合にも、おおもとの大豆そのものには無かった機能が発酵によって出現することが知られています。たとえば、**５つのアミノ酸が結合したペプチドは高血圧を防ぐ効果があります**。このペプチドはタンパク質が分解していない煮豆には存在しません。同様に、分解が進んでアミノ酸になってしまった醤油にも存在しません。その中間の味噌にだけ存在するのです。

図5－4● 高血圧を防ぐペプチド効果

タンパク質が
分解していない

ペプチド状態
（ちょうどよい）

分解が進みすぎて
アミノ酸になって
しまった

　このように、**発酵すればよいというのではなく「発酵の程度」も重要になります**。

　もう一つの例は、癌の予防効果を有するといわれるリノレン酸エチルエステルです。これも発酵した豆にだけ含まれる成分です。

　欧米人に比べて日本人の寿命が長いのは、植物性の食事が貢献しているといわれますが、数多くある発酵食品、中でも味噌、醤油、納豆などの発酵大豆食品を常食にしていることが、寿命に大きく貢献しているといってもよいでしょう。

5-3 味噌の発酵はどうなっているのか

――色の違い、麹の違い、そして味噌ができるまで

日本の調味料といえば、あえて発酵調味料と限定*するまでもなく、味噌と醤油が定番です。見た目での両者の大きな相違点といえば、液体と固体になりますが、もっと大筋から考えると、「醤油は味噌から派生した物」と見ることができます。

そこでまず、味噌から見ていくことにしましょう。

味噌は大豆を茹で、その後に、塩と麹を加えて発酵させた食品のことです。

味噌には大きく分けて、赤味噌と白味噌があります。これは豆の種類や麹の種類による分類ではなく、発酵期間による分類です。

味噌や醤油が茶色や黒っぽい色になるのは、メイラード反応（糖化反応）という化学反応によるものであり、発酵とは直接の関係がありません。反応が進行した、つまり貯蔵期間の長い物は色が濃くなります。赤味噌は貯蔵期間が長いからメイラード反応が進行して赤くなったのであり、醤油はさらに長いので黒っぽくなったのです。

＊調味料といえば「さ・し・す・せ・そ」で知られる「さとう、しお、す、せうゆ（しょうゆ）、みそ」の他にもみりん（味醂）などがあるが、砂糖や塩は「発酵調味料」ではない。

一般に赤味噌は保存のために塩分濃度を高くするため塩辛く、熟成期間が長いのでコクがあります。それに対して白味噌は塩分濃度が低く麹の糖分により、甘くなります。

味噌のもう一つの分類の仕方は、用いる麹（こうじ）の種類による分類です。味噌に用いる麹には米からつくった米麹、麦からつくった麦麹、大豆からつくった豆麹が用いられます。

米麹（こめこうじ）からつくった味噌は「米味噌」と呼ばれ、最も多く生産されています。米麹を多く使用すると熟成期間が短くて済むので、白味噌となります。米麹を用いた白味噌としては、信州味噌・西京（さいきょう）味噌が代表的であり、米麹を用いた赤味噌としては、津軽味噌、仙台味噌などが代表的です。

麦麹（むぎこうじ）を使った麦味噌は、味噌の全生産量の 11% ほどを占めます。主な生産地は九州、中国地方西部です。四国西部では主に麦の白味噌がつくられています。一方、北関東では大麦を使った赤味噌もつくられています。

豆麹（まめこうじ）を使った豆味噌は、現在では中京地域のみでつくられているといってよいでしょう。豆味噌は蒸した大豆を用い、熟成期間が長いので、その色は黒味を帯びた濃い赤茶色となります。米味噌や麦味噌に比べて甘味が少なく、渋味がある一方、旨味が強いのが大きな特徴です。名古屋地域ではこの味噌を「八丁（はっちょう）味噌」と呼び、味噌カツ、味噌煮込み等、伝統的な料理に使用しています。

では、味噌作成の過程で、大豆に起こる変化とはどのようなものなのでしょうか。

図5-5● 米味噌、麦味噌、豆味噌のできるまで

米味噌、麦味噌のできるまで

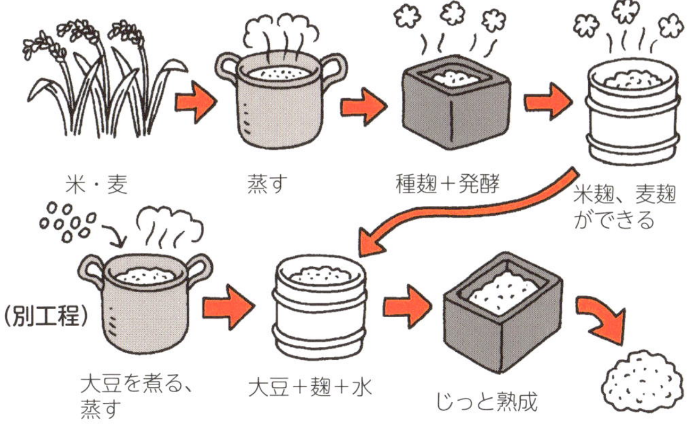

豆味噌のできるまで

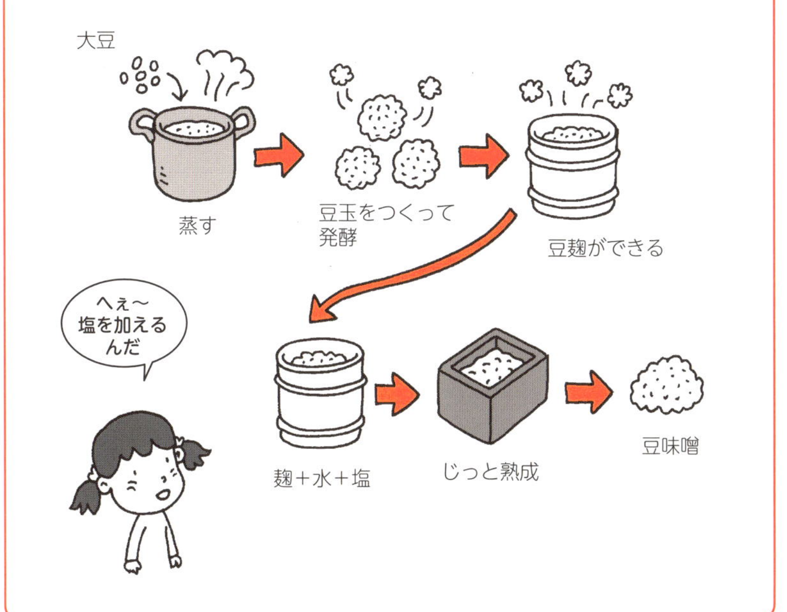

原料の大豆や、麹の米、麦に含まれるでんぷんは、麹菌に含まれる酵素、アミラーゼの働きでブドウ糖にまで分解されます。一方、タンパク質は酵素プロテアーゼの働きでペプチドやアミノ酸まで分解され、同じく脂質は酵素リパーゼの働きで脂肪酸とグリセリンに分解されます。

酵母の働きを期待しない白味噌醸造では、ここで工程はすべて終了です。着色しないように短期間で発酵を停止させるのです。酵母発酵がない豆味噌も同様で、色調を濃くするために時間をかけますが、成分変化はあまりありません。

しかし、米味噌の代表である信州味噌や赤味噌の一部は、酵母や乳酸菌による発酵が同時進行で行なわれます。その結果、酵母と乳酸菌の発酵で生成された成分によって、さらに大きな成分変化が現れます。つまり、ブドウ糖がアルコールや乳酸に変化し、さらに、それらが結合してエステルになります。

これらの反応に伴って、甘みを増したり、酸味が出てきたり、香りが強くなったりといった変化が、刻一刻と現れてきます。**どのタイミングで発酵を止めるかが品質決定の勘所となるのです**。

このような反応の間に、でんぷんはブドウ糖まで分解されるためすべて溶解し、タンパク質もアミノ酸やペプチドに分解されて溶解しますが、大豆の細胞壁は分解されずに残ります。熟成が進んだ味噌でも、液状になって流れたりしないのは、この細胞壁が残って保水性を発揮しているからです。

この残った細胞壁は脂質に対して大きな働きをします。味噌の中には6%もの脂質が入っています。にもかかわらず、味噌汁の表面に油が浮いてこないのは、なぜなのでしょうか。

それは、味噌の中に残った細胞壁のおかげなのです。つまり、細胞壁で囲まれた、いわば過去の大豆細胞の残骸の中に脂質が閉じ込められているから、味噌の油が浮いてこないわけです。嫌な油っぽさを感じることなく、脂質の栄養を摂ることができるのは、この細胞壁が油を抑え込んでいるから、と考えられます。

はっこうの窓

味噌文化

一般に関西圏は薄口、関東圏は濃い口といわれます。それは基本的に醤油をベースにした味付けです。ところが、そのような味を超越した味付けを誇る文化圏があります。

それが名古屋であり、そのよりどころは「味噌の味付け」です。私が名古屋に初めて赴任した半世紀近く前には、昼食は「味噌カツ」か「味噌煮込み」、夜の寿司は醤油でなく「溜まり」で寿司を食べ、屋台に行けば待っているのは「土手煮」か「味噌おでん」に決まっていました。

「土手煮」はホルモンを「味噌」で煮た物であり、広島の「牡蠣の土手鍋」の「土手」からとったもので、要するに味噌です。その後、途中のどこかの店で流し込む味噌汁までも「八丁味噌汁」だったりしたものです。

それが現在では、溜まりは「味噌臭さ」から姿を消し、土手煮は「痛風予防」とかで姿を消し、何やら健康的になりつつあります。加えてスーパーやコンビニの努力のおかげで味は全国水準に近づきつつあるようです。味の変化は思ったより急激に起こるのかもしれません。

醤油、お酢の違いは？

——濃口、薄口、再仕込み、そして米酢、穀物酢？

日本の発酵調味料には、前節で見た味噌と並んで**醤油**があります。また、味噌、醤油は塩味を基本とした調味料ですが、甘味の調味料として味醂（みりん）があります。

醤油は味噌をさらに発酵させたものと見ることができるでしょう。名古屋地域には、醤油に似た調味料に「**溜まり**」というものがあります。外見は醤油にソックリの黒っぽい液体ですが、お猪口（ちょこ）に入れると、醤油よりドロッと粘り気（粘稠（ねんちゅう））があります。匂い、味は、醤油というより、味噌に近い感じです。溜まりとは、味噌をつくる際に、味噌の上部に浮いて溜まった液体を集めた物であり、そのために「溜まり」と呼ばれています。それを知れば、味噌に近い味がするのは当然でしょう。

この「溜まり」が醤油の起源と考えられています。現在、全国的に流通している醤油には、濃い口醤油、薄口醤油、再仕込み醤油などがあります。

●こいくち（濃口）醤油

一般的な醤油のことで、生産高の８割を占めます。江戸時代中期の関東地方で発祥し、江戸料理の調味料として発達しました。原料には大豆と小麦を用い、その比率は半々程度です。

●うすくち（薄口）醤油

色が薄く、塩味の強い醤油です。濃口醤油を使うと料理の色が黒くなるので、素材の彩りを生かす京料理などに好まれます。「薄口」とはいいますが、実は、塩分濃度は濃口より１割ほど高いことは案外、知られていません。仕込みには、麹の量を少なくし、塩水の比率を高くします。

●再仕込み醤油

甘露醤油とも呼ばれ、風味、色ともに濃厚な醤油です。

「再仕込み」と呼ばれるのは、この醤油の仕込み工程で、塩水の代わりに醤油を用いるからです。つまり、「一度つくった醤油を、再度、醤油にする」という意味からきています。味は淡白ですが、甘味が強いのが特徴です。茶碗蒸しや吸い物、うどんのつゆ、煮物などに用いられます。原料は大豆が少なめ、あるいはまったく使わず、小麦が中心です。

みりん（味醂）は料理に甘さを加える調味料として日本料理に欠かせません。甘味のある黄色の液体であり、40～50％の糖分と、14％程度のアルコール分を含有します。つまり、アルコール分は日本酒と同程度です。

みりんは、蒸したもち米に米麹を混ぜ、焼酎または醸造用アルコールを加えて、60日間ほど、室温近辺で発酵させた後、圧搾（あっさく）、濾過（ろか）してつくります。

この間に、麹菌の酵素アミラーゼの作用によって、もち米のでんぷんが糖化され、甘みが生じます。しかし、発酵開始時から約14％程度のアルコール分があるので、酵母菌によるアルコール発酵は抑えられます。その結果、糖の消費が減り、みりんは日本酒よりも甘くなるのです。

みりんは煮物や麺つゆ、蒲焼のタレや照り焼きのつや出しに使います。アルコール分が魚などの生臭さを抑え、食材に味が浸透する助けをし、素材の煮崩れを防ぎます。また白酒や屠蘇(とそ)酒の材料としても使われます。

酢は調味料のうち、酸っぱいものの代表です。酸っぱいものとしては、酢の他にもレモン、ウメボシなどがあり、また、ワインの酸味もあります。

一口に酸味といいますが、これらの酸味の素はすべて異なります。まず、酢は酢酸の酸味です。レモン、ウメボシはクエン酸、そしてワインは酒石酸による酸味です。したがって、味わえばそれぞれの酸味には違いがあるはずです。酢には3～4％程度の酢酸が含まれます。

酢の原料はいろいろありますが、基本はエタノールを酢酸菌によって酢酸発酵するというものです。日本の伝統的な酢である米酢（こめず、よねず）の場合、まずは米と麹と酵母からお酒をつくります。次に、このお酒に酢酸菌を加えて酢酸発酵をさせるのです。

酢にはいろいろの種類がありますが、日本で主に使われているのは米酢と穀物酢です。

米酢はその名のとおり、米だけからつくられたお酢のことです。クエン酸が豊富に入っており、米の甘み、コクがあるので和食との相性がよいです。とくに酢飯（すめし）によく使われます。加熱すると、せっかくの米酢の香りが飛んでしまうので、酢飯、酢の物、南蛮漬け、お漬物など、加熱しない場合に使うことが多い酢です。

穀物酢の原料は、米、小麦、とうもろこしなどを用いてつくった酢のことです。一般的な酢として、穀物酢は広く用いられています。香りが少ないので、加熱の影響はほとんどありません。価格は穀物酢のほうが安価に入手できます。

図 5－6 ● 米酢と穀物酢の原料の違い、使い方

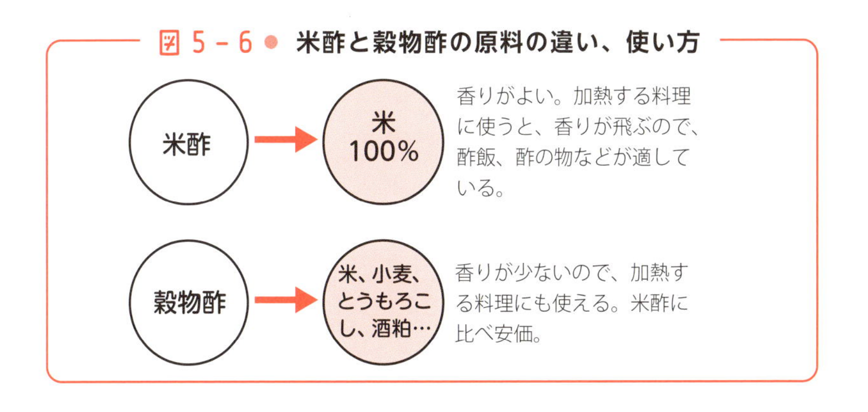

米酢、穀物酢のほかに、特殊なものとして**黒酢**があります。黒酢は米酢を熟成させたものです。黒酢の特徴はアミノ酸が非常に豊富であることです。そのため消化の必要なく、直接エネルギーとなるので、疲労回復効果が期待できます。味は香りが強く、なめらかなので、中華・魚介料理・飲み物に向きます。ほかにも、中国黒酢と呼ばれる香酢などがあります。

世界の発酵調味料

——日本とはちがう酢と醤はどんなもの

世界的に見た場合、発酵調味料の主な物は「酢」と「醤（しょう）」になります。醤は「ひしお」とも、あるいは中国語から「ジャン」と読むこともあります。

酢は原料によってブドウ酢のワインビネガー、そしてりんご酢があります。ワインビネガーはワインから、つまりブドウからつくられた酢です。通常の酢の効能だけでなく、ワインの成分であるポリフェノールを豊富に含んでいます。ポリフェノールには抗酸化作用があるといわれます。味は、酸味が強いことが特徴で、ドレッシング、マリネに向きます。

バルサミコ酢もブドウからつくられます。ふつうのワインビネガーとは違い、バルサミコ酢はブドウの果汁を３～７年熟成させます。そのため、バルサミコ酢には、深み・甘みがあることが特徴です。

これに対し、りんご酢はりんごからつくられた酢です。他の酢に比べてカリウムが豊富です。カリウムは身体の中の余分な塩分を排出する効果があるといわれ、むくみ・高血圧などに効果的といいます。味は、酸味が抑え目で、爽やかです。デザート、飲み物との相性がよいとされます。

醤（しょう）は、主に中国で用いられるペースト状の調味料です。醤は各種の原料を麹と食塩によって発酵させてつくります。原料に大豆などの穀物を用いる**穀醤**（こくしょう）、肉を用いる**肉醤**（にくしょう）、魚を用いる**魚醤**（ぎょしょう）などがあります。日本でおなじみの味噌、醤油は穀醤の一種と見ることもできます。

醤の歴史は古く、紀元前8世紀頃の古代中国に遡るといわれます。紀元前5世紀頃の『論語』にも、孔子が醤を用いる食習慣を持っていたことが記されています。初期の醤は現代における塩辛に近いものだったと考えられています。

豆板醤（とうばんじゃん）は、ソラマメに大豆、米、大豆油、ごま油、塩、唐辛子などの原料を加えてつくります。豆板醤は辛味が特徴で、麻婆豆腐や担担麺などに用います。四川料理には欠かせない調味料です。

甜麺醤（てんめんじゃん）は、小麦粉、塩、麹からつくられた甘い調味料です。回鍋肉（ホイコーロー）、北京ダック、麻婆豆腐、春餅などに使われますが、そのまま料理に添えて食べることもあります。

近年日本でも人気なのがXO醤（エックスオージャン）ですが、これは1980年頃につくられたもので、はっきりした定義はありません。XOはブランデーの最高級品に因んでつけられた名前です。原料は店によっていろいろ異なります。

コチュジャンは朝鮮半島でよく用いられる調味料であり、餅米麹、唐辛子粉からつくります。辛いのが特徴で、ビビンバなど韓国料理に欠かせません。

テンジャンも朝鮮半島の伝統的調味料です。大豆を発酵してつくるもので、日本の味噌に似ています。

ウスターソースはリーペリンソースともいい、イギリスで開発されたソースです。主原料に、モルトビネガーに漬け込んで発酵させたタマネギとニンニクの他、アンチョビ、タマリンド（マメ科の常緑高木）や多種のスパイスが使われています。しかし日本のウスターソースにはアンチョビは使われていません。

「醬」にはもう一つ重要な物があります。それは前にも述べたとおり、魚でつくった醬、すなわち魚醬です。魚醬は小魚を塩漬けにして発酵させた際に生ずる液体です。日本では秋田県のしょっつる、能登半島のイシル、香川県のイカナゴ醬油などが有名です。魚醬はアジア各地に存在し、中国のユールー、韓国のエクッチョ、ベトナムのニョクマム、タイのナンプラーなどがあります。

つくり方はいずれの場合も、現地でとれるイワシなどの小魚やアミなどを塩漬けにして数か月放置します。すると発酵が進んで魚はとけるようにして姿をなくします。この液体をろ過して、液体部分の上澄みを魚醬として調味料に用います。中には小魚だけでなく、野菜類を混ぜて発酵させる物もあります。ウスターソースはアンチョビの魚醬を混ぜてあるので、魚醬に分類されることもあります。

いずれも魚特有の匂いがありますが、穀醬には見られない味とコクがあり、各種の料理調味料、あるいは隠し味として用いられます。

はっこうの窓

「手前味噌」の由来は秀吉さん？

自分で自分のことを褒めるのを「手前味噌」といいます。味噌には赤味噌、白味噌、米味噌、麦味噌など、たくさんの種類があり、それぞれに独特の味、香り、しょっぱさがあります。

仙台の友人は「味噌は、仙台味噌に限る」と公言してはばかりません。仙台味噌が有名なのは、豊臣秀吉が朝鮮征伐に出征した際、各藩の味噌が朝鮮の気候に合わずに腐ったのに、伊達正宗の持って行った仙台味噌だけは腐らなかったとの伝説が大きかったようです。これは、仙台味噌には塩分がたくさん入っていたということです。

「手前味噌」には、自分の家でつくった味噌が一番だとする説、「味噌」という言葉自体に自慢する意味があるとする説などいろいろあります。

ほかにも、次のようにたくさんの諺が「味噌」にはあります。それだけ、味噌が生活に密接に絡んでいる証拠といえそうです。

●味噌は医者いらず……健康（対病気）に大きな効用がある
●味噌を擂（す）る……相手にへつらうこと（胡麻を擂ると同じ）
●味噌もクソも一緒……よい物も悪い物も、ごたまぜにすること
●味噌汁一杯三里の力……朝飲んだ味噌汁一杯で、三里を歩く力がつく
●女房と味噌は古いほどよい……長年連れ添った女房は、あうんの呼吸でわかりあえていい、ということ。「女房と畳は新しいほうがよい」という逆の言い方もありますね。
●味噌を買う家に蔵は建たない……自家製味噌が当たり前だった昔、その味噌を買うようでは金はたまらない

化学を専門とする筆者が、専門外の「故事ことわざ」に顔を突っ込んでいると、思わぬことで「味噌をつける」かもしれません。この辺でお開きに……。

と洒落たところで無粋で恐縮ですが、ついでに「味噌をつける」の意味を見てみましょう。

これは「失敗する」というような意味です。味噌は昔は薬としても用いられていたようです。それも内服薬ではなく外用薬です。火傷をした場合には患部に味噌を塗っておいたのだそうです。つまり、「味噌をつける」というのは「失敗して火傷をした」ことを意味するというのです。味噌は冷たいし、患部を外気から遮断して殺菌する意味もあったのでしょう。もちろん、現在はこのような処方は医学的に否定されています。

ところで「かあさんの歌」の３番に「かあさんのあかぎれ痛い　生みそをすりこむ」という歌詞があるように、あかぎれに味噌を擦りこむ習慣もあったようです。塩を擦りこむようで痛そうですが、なにがしかの効果もあったのでしょうか。

第6章

野菜の旨味を引き出す発酵のちから

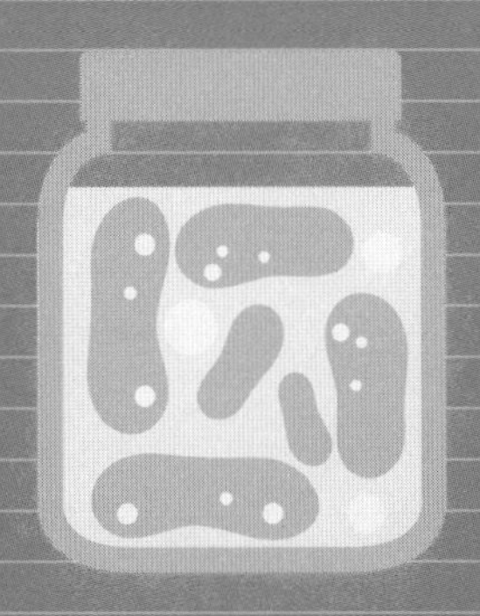

植物の構成要素

——炭水化物は植物がつくる太陽エネルギーの缶詰

日本の食卓に漬物、香の物は欠かせません。これは大根や白菜などの野菜を塩で漬けた物です。

しかし、野菜に塩水をかければ漬物になるか、といわれれば決してそのようなことはありません。漬物にするためには、塩水に一定期間、漬けておく必要があります。だからこそ、「漬物」というわけです。さらにタクアン、糠漬けともなると、野菜だけではなく、糠を入れる必要が出てきます。まして、キムチなどでは貝の牡蠣を入れたり、甲殻類のアミを入れたりと、大変、手間ひまのかかる作業となります。

では、野菜の漬物とは、どのようなものなのでしょうか。その前に、「野菜はどのような物質からできているのか」から調べておくほうがよさそうです。

野菜はいうまでもなく植物です。植物と動物を比べた場合、一番の違いは、**植物は光合成をする**ということです。光合成というのは水 H_2O と二酸化炭素（炭酸ガス）CO_2 を原料とし、太陽の光エネルギーをエネルギー源として、クロロフィルで炭水化物をつくることです。

炭水化物という名称はどこからきたかというと、その分子式が

図6-1 ● 光合成とは「植物が炭水化物をつくる」こと

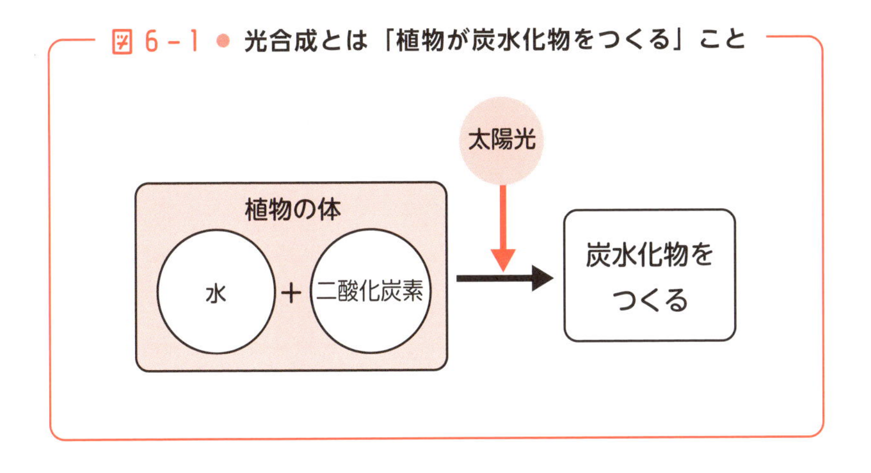

$C_n(H_2O)_m$ であり、**「炭素 C と水 H_2O が結合したように見える」ので炭水化物と名づけられたものです**。決して、炭素と水からできているわけではありません。

炭水化物というのは、植物がつくる太陽エネルギーの缶詰のようなものであり、光合成を行なう能力のない動物は、この缶詰を食べて太陽エネルギーを間接的に利用しているのです。

炭水化物の典型的な物はブドウ糖（グルコース）でしょう。ブドウ糖は分子式が $C_6H_{12}O_6$ と上の炭水化物の分子式で m=n=6 としたものに一致します。ブドウ糖は何百個もの分子が結合して鎖のように長大な分子をつくります。この巨大分子が**でんぷん**と**セルロース**です。**でんぷんは植物体内で生化学反応によってタンパク質や油脂に変化します**。

すべての生物は細胞でできていますが、それは植物も同様です。細胞は細胞膜で囲まれた微小な容器であり、中に各種の小器官とともにタンパク質、油脂、糖分などを含みます。植物の場合には細胞膜の外側に「細胞壁」と呼ばれる頑丈な壁があり（動物には無い）、これが硬い木材の骨格になっています。

細胞膜は油脂が化学変化をしてできたリン脂質という物からできています。したがって油脂が無ければ細胞ができず、細胞ができなければ生物の定義に合致せず、生物ではなく、ただの“もの”になってしまいます。ウイルスがこのような“もの”なのです。ダイエットのために油脂を絶つ、などというのは命がけの行動といわなければなりません。

一方、**細胞壁はセルロースからできています**。そのため、植物は大量のセルロースを含むのですが、細胞壁の無い動物はセルロースを含みません。

タンパク質というと、“焼き肉のお肉”のイメージが強く、「植物にもタンパク質があるの？」などと聞きたくなりますが、冗談ではありません。植物でも動物でも、およそ生物にとって最も重要な構成成分はタンパク質といってよいでしょう。

タンパク質の役割は筋肉になって体を保持し、動かすことだけではありません。そのようなものなら植物にとっては必要ないはずだからです。にもかかわらず、タンパク質が植物にとっても重要なのは、**タンパク質が酵素となって働くからです**。

酵素は生化学反応を支配する物質であり、さらにDNAによって遺伝された遺伝情報に基づいて個体をつくり上げる、いわば個体の建築家集団です。

植物を構成する主な物にはこのほかに、光合成を行なう**クロロフィル**があります。これはヘムという分子とタンパク質が結合した物であり、ここでもタンパク質が活躍しています。

また、当然ながら植物も遺伝を行ないます。ということは核酸といわれるDNA、RNAを含んでいることになります。

はっこうの窓

太陽エネルギー

地球上に生命が存在するのは太陽のおかげです。サンサンと照る太陽の光、ポカポカと暖かい太陽の熱。この光エネルギーと熱エネルギーが無かったら、地球上に生命は発生しなかったことでしょう。

では、太陽エネルギーはどのようにして発生しているのでしょうか。太陽は恒星の一種ですが、すべての恒星は水素ガスの塊です。それでは、太陽が熱く輝くのは可燃性の水素ガスが燃えているからなのでしょうか？

そうではありません。燃焼のような化学反応からは、あのような莫大なエネルギーは発生しません。太陽エネルギーは原子核反応のエネルギーなのです。原子核反応というと、原子炉や原子爆弾を思い出すかもしれません。しかしこれらの原子核反応は大きい原子核が壊れることによる核分裂反応です。

太陽で起こっている反応は反対に、小さな原子核が融合する核融合反応であり、水素爆弾と同じ原理です。水素爆弾は原子爆弾の何百倍、何千倍ものエネルギーを生み出すことができます。

つまり、生命は核融合という原子核反応によって誕生し、原子核反応によって繁栄しているといってもよいのです。

6-2 アルコール発酵

——パンづくりにも、発酵利用するものとしないもの

本書は発酵をすみずみまで詳しく、わかりやすく、しかもサイエンスの面からご紹介する、という使命を帯びています。ですから炭水化物、魚介類、タンパク質など、種々の物質の種々の発酵をご紹介しています。

しかし、一般に発酵といわれて思い出すのは、やはりアルコール発酵と乳酸発酵ではないでしょうか。

アルコール発酵というのは、ブドウ糖が酵母（菌）によって発酵し、アルコール（エタノール CH_3CH_2OH）と二酸化炭素 CO_2 を発生する反応のことをいいます。この反応を最も有効に使ったのは、お酒です。そのことについては後の章に譲るとして、ここではパンについて見ることにしましょう。

パンは小麦を水で練った物に、酵母、一般にイーストと呼ばれる酵母を加えてアルコール発酵を行なったものです。この際に発生する二酸化炭素の気体がパン生地に泡をつくり、気泡一杯のパンができるのです。パン生地に砂糖を加えることがあるのは、酵母が糖分を原料にして発酵活動を活発にするからです。

イーストが無い場合にはベーキングパウダー（フクラシ粉）を用

います。これは重曹（炭酸水素ナトリウム $NaHCO_3$）を主成分とする化学物質で、酵母とは縁もゆかりもない物質です。重曹が下式のように熱分解して二酸化炭素を発生するのです。

$$2NaHCO_3 \rightarrow Na_2CO_3 + H_2O + CO_2$$

ここで問題になるのが、副産物として発生する炭酸ナトリウム Na_2CO_3 です。これは独特の臭気を持つとともに、パン生地を黄色く着色します。しかし、ここに何らかの酸性物質 HX を加えると反応は下式のようになり、炭酸ナトリウム Na_2CO_3 を発生しなくなります。

$$NaHCO_3 + HX \rightarrow NaX + H_2O + CO_2$$

一時、日本のホットケーキミックス粉の一部に、この酸性物質としてミョウバン（明礬）が加えられていました。ミョウバンにはアルミニウム Al が含まれています。その頃、アルミニウムは健康によくないという説がありましたので、消費者が敏感になったこともありました。

エジプトではパンを水に漬けて放置することによってビールをつくったといいます。これはエジプト時代のパンが生焼け状態、つまり現在のタコヤキ状態だったことに原因があります。生焼け状態の部分に酵母が生き残っており、それがパンの糖分を原料にしてアルコール発酵を継続したのでしょう。

現在のパンは中までしっかりと火が通って、酵母は死滅していますから、その後にいくら水に漬けておいてもアルコール発酵が再発することはありません。そもそも、ベーキングパウダーを用いたパンでは最初から酵母がいないのですから、再発酵させることは無理な話です。

はっこうの窓

蒸気パン、ポッポ焼き？

新潟県の郷土菓子のようなものに「蒸気パン」あるいは「ポッポ焼き」と呼ばれるものがあります。幅 2cm、厚さ 1.5cm、長さ 20cm ほどの、茶色の蒸しパンです。モッチリした食感と素朴な味わいのお菓子ですが、特色はその匂いです。黒砂糖の匂いと、何やら独特の匂いが混じり、郷愁を誘う匂いになっているのです。焼き器からは蒸気が発生し、それに笛が着いていて、か細い音を出し続けます。このようなことから「蒸気パン」の名前が着いたのでしょう。

原料は小麦粉（薄力粉）、水、黒砂糖、それに炭酸ナトリウム（炭酸）、ミョウバンです。独特の匂いは炭酸ナトリウムから生じているのかもしれません。ホットケーキでは嫌われる匂いが蒸気パンでは好まれる特色になっているのです。新潟へ行かれた折には試してみてはいかがでしょうか。

乳酸発酵でできるお漬物

——他の細菌を死滅させる殺菌作用

植物の発酵には、酵母菌によるアルコール発酵と、乳酸菌による乳酸発酵がある、といいました。ここでは**乳酸発酵**について見てみましょう。

漬物には野菜と塩水に基づく味と匂いの他に、漬物特有の味と匂いがあります。キムチを持ち出すまでもなく、白菜や高菜の古漬けを思い出せばわかることです。この漬物特有の味、とくに酸味、それと固有の匂い、香り、これらは乳酸菌による乳酸発酵の結果、現れるものなのです。

図6-2● 乳酸菌の断面図

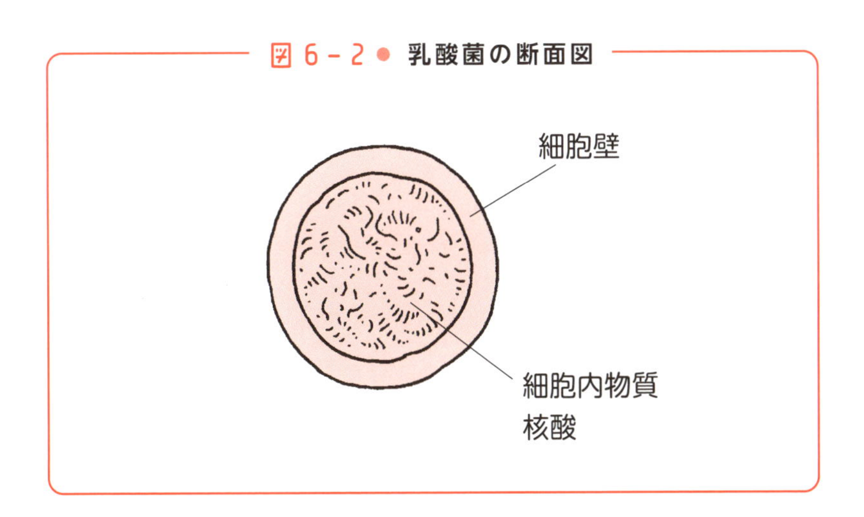

乳酸発酵について見る前に、乳酸菌のことを見ておきましょう。**乳酸菌**は**ブドウ糖などの糖類を乳酸に変える菌です**。乳酸菌はどこにでもいるありふれた菌です。人間の皮膚にも付いているし、空気中にも漂っています。果物がぶつかったところから傷むのは、崩れた組織に乳酸菌が入り込み、糖分を乳酸に変えるからです。

乳酸菌でまず注意しておきたいのは、**乳酸菌という特定の菌はいないということです**。意外だったかもしれません。

これは麹菌、酵母菌、あるいは黄色ブドウ球菌などのように、名前がわかれば特定の菌が指定される菌とは違います。それでは乳酸菌というのはどのような菌なのでしょうか。

乳酸菌という名称は、細菌の生物学的な分類上の特定の菌種を指すものではなく、その性状に対して名づけられたものなのです。発酵によって糖類から多量の乳酸を産生し、かつ、悪臭の原因になるような腐敗物質をつくらない菌のことを、一般に乳酸菌と呼ぶのです。

乳酸菌と呼ばれるための条件は以下のようにされています。

①グラム陽性*である
②桿菌（かんきん）（棒状の菌）・球菌である
③芽胞をつくらない
④運動性が無い
⑤消費ブドウ糖に対して 50% 以上の乳酸を生成する

*グラム陽性とは、グラム染色と呼ばれる染色方法で青色または紫色に染色される細菌のこと。これに対し、赤色またはピンク色に染色されるものをグラム陰性と呼ぶ。

以上の条件さえ満たせば、なんだって「乳酸菌」と呼ばれるわけです。ですから、乳酸菌には多くの種類の菌が存在することになります。もちろん、それだからといっても、乳酸菌をいくつかに大別することはできます。

まず、その生産物による分類です。それは、乳酸のみを最終産物としてつくり出す**ホモ乳酸菌**と、ビタミンC、アルコール、酢酸など乳酸以外のものを同時に産生する**ヘテロ乳酸菌**の2種類です。

また、細菌の形状から、球状の乳酸球菌と桿状（かんじょう）（棒状のこと）の乳酸桿菌に分類することもあります。つまり、形が球か棒状かの違いです。

その他に、生息場所によって分類することもあります。それは以下のようなものです。

●腸管性乳酸菌

動物の腸管に生息するものです。ヒトの糞便中1gあたりの菌数は、ビフィズス菌が100億個、ビフィズス菌以外の乳酸菌が10～100万個であるといわれます。

●動物性乳酸菌

動物質に由来する乳酸菌で、主に乳を発酵させます。

●植物性乳酸菌

植物質に由来する乳酸菌で、主に味噌、醤油、漬物、パンなどに利用されます。

●海洋乳酸菌

2009年に提唱された新しい菌です。海洋環境から分離した乳酸菌で塩っぽい環境を好み、アルカリ性環境に強いといいます。

乳酸菌は糖類を発酵することによって多量の乳酸を生産します。

乳酸はその名前の通り、酸の一種です。ですから、乳酸ができれば周囲の環境は酸性になります。

乳酸菌は酸性条件に強く、このような環境下でも増殖を続けます。しかし、他の多くの菌は酸性に弱いのです。そのため、乳酸菌が増殖する環境では、他の菌は死滅してしまいます。つまり、乳酸菌は消毒の役目もするのです。

はっこうの窓

銀の漬物石

ちょっとしたイタズラで友人を驚かせるのは楽しいものです。漬物好きの友人を驚かせるために、漬物石を「石」でなく、貴金属の「銀」にするというイタズラを考えました。銀の価格は1gが60円ほどです。1kg買っても6～7万円ですし、使っても無くなるわけではありませんから、あながち無駄遣いでもありません。

「ドーダ！　銀の漬物石で漬けた漬物ダゾ。ウマイダロ」と言って驚かせたかったのですが、やめました。なぜか？　銀の漬物石では漬物ができないことに気づいたからです。

銀には強い殺菌作用があります。乳酸菌は発生できません。乳酸菌の作用しない漬物は、もはや漬物ではありません。塩と野菜の混合物です。

金には殺菌作用が無いので、金を使えればよいのですが、金の価格は1gが5000円ほどです。1kgでは500万円になります。価格に問題があり過ぎます。

善玉菌、悪玉菌って？

——乳酸菌の働きで腸内環境をよくする

乳酸菌は私たちの健康に密接に関連しています。乳酸菌のうち、前節で見た腸管性乳酸菌と動物性乳酸菌は、私たちの体内、体外に生息しています。

これらの乳酸菌は私たちの口腔(こうくう)や消化管、あるいは女性の膣内に常在し、常在細菌叢(さいきんそう)の一部を成しています。乳酸菌が直接、人の病気の原因になることはなく、むしろ生体にとって有益になるバリヤーとして機能していると考えられています。そのため、乳酸菌は「善玉菌」* と表現される場合もあります。

善玉菌と呼ばれるものにはビフィズス菌や、乳酸桿菌(かんきん)など、乳酸や酪酸などの有機酸をつくるものが多く知られています。

一方、悪玉菌はウェルシュ菌やフラギリス菌、大腸菌など、悪臭のもととなる、いわゆる腐敗物質を産生するものが多いのが特徴です。

＊腸内には「善玉菌、日和見菌（ひよりみきん）、悪玉菌」がいるとされ、赤ん坊の頃は「7：3：0」くらいのものが、中年になると「2：7：1」くらいに変わるとされる。善玉菌の力が衰えると、日和見菌は悪玉菌に加勢し、善玉菌が強くて健康だと日和見菌はおとなしくなるといわれる。なお、善玉菌・悪玉菌の名づけ親は、日本の光岡知足（1930～）である。光岡は腸内フローラの研究で世界に先駆け、腸内細菌学という新しい学問体系をつくった。2007年、メチニコフ賞を受賞。

また、悪玉菌は二次胆汁酸やニトロソアミンといった発がん性のある物質をつくることが知られています。悪玉菌は有機酸の多い環境では生育しにくいものも多いので、乳酸という酸を発生し、腸内環境を酸性にする乳酸菌はその意味でも有益なものといえるでしょう。

図 6－3 ● 中年での割合は「善玉菌 2 ：日和見菌 7 ：悪玉菌 1 」

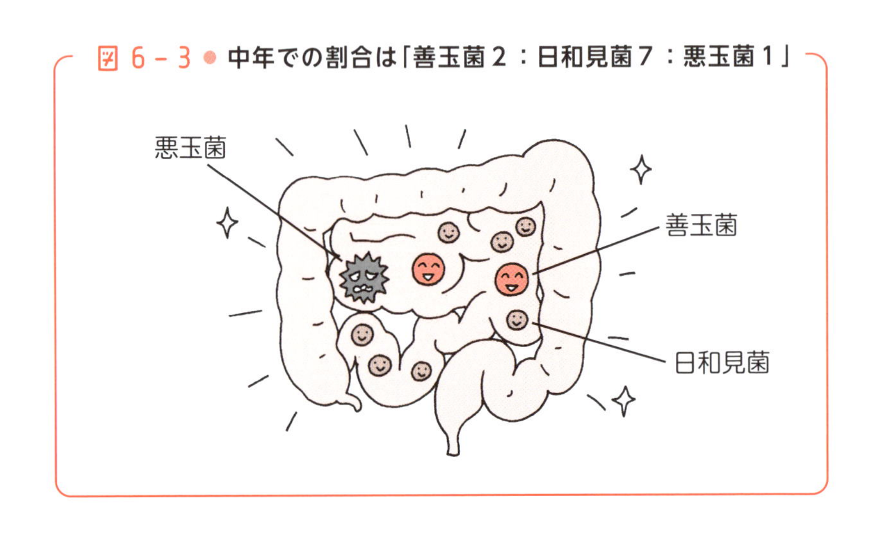

このように、人体に有益な乳酸菌を摂取するという考えは、パスツール研究所に所属していたロシアの科学者であるイリヤ・メチニコフ（1845 ～ 1916）の発案だとされます。メチニコフはブルガリアに長寿者が多いことに目をつけ、ブルガリアの乳酸菌をブルガリア以外の人々に摂取させたところ、長寿者が多くなることを発見し、その功績で 1908 年にノーベル生理・医学賞を受賞しました。

その後もこうした仮説による研究は発展し、腸内常在細菌叢のバランスを改善することを目的とした製品が次々と開発されました。このうち、乳酸菌などの細菌を生きたまま含むもの、つまりヨーグルトなどのことをプロバイオティクス、それ自体は生菌を含まないが、菌が特異的に利用するオリゴ糖などの栄養源を含むもののことをプレバイオティクスと呼び、健康食品として販売、利用されています。

しかし、初期に開発されたほとんどのプロバイオティクス製品は、摂取してもほとんどの乳酸菌が胃で死滅してしまい、腸に到達しないことが明らかになりました。そのため、製剤技術や新しい乳酸菌株の開発研究が行なわれ、現在では生きたままの菌を腸に到達させることが可能になりました。

ただ、残念ながら、生きて腸に届いた乳酸菌も、腸内に住み着き増殖することはないことも明らかになっています。

一方、最近の研究では、加熱死菌体も疾病(しっぺい)予防効果などを有することが報告されています。

また、人類にとって害をなす乳酸菌も存在します。口腔内の乳酸菌は虫歯の原因になることが指摘されていました。しかし、現在では乳酸を産生する能力は高いものの、歯面への付着能力が低く、しかもプラーク中の菌数は少ないため、乳酸菌が虫歯の直接の原因というよりは、発生した虫歯の進行を促進するものであろう、と考えられています。

野菜の発酵食品のいろいろ

――乳酸発酵した食べ物は腐敗の心配がない？

サラダを食べるとき、ドレッシングをかけます。したがってサラダが私たちの口に入るときには、野菜とドレッシングの混合物となっています。

しかし日本人が日常的に食べる野菜の漬物は、野菜と塩水の混合物ではありません。野菜を塩水に漬けてから、浅漬けでも数十分、白菜や野沢菜の古漬けに至っては数か月、あるいは半年も経ってから食べることになります。

日本古来の野菜の漬物は、この漬けておく期間に特徴があります。野菜を塩水に漬けておくと、天然環境に存在する乳酸菌が野菜や塩水に侵入し、**乳酸発酵**が始まります。

乳酸発酵は単純にいえば、１分子のブドウ糖（$C_6H_{12}O_6$）を分解して、２分子の乳酸（$C_3H_6O_3$）に変える反応です。乳酸菌はこのとき発生する化学反応エネルギーを自分の生命活動に利用し、同時に乳酸菌は環境を酸性にして外敵の微生物の増殖を妨害しているのです。

乳酸菌はこのときに乳酸だけでなく、副産物としていろいろの有機酸、アルコール類を生産します。同時に、漬物液に侵入した各種の細菌が、ブドウ糖などの糖類を独自の分解法で分解して、これまた各種のアルコール類、有機酸類を生産します。この結果生じた多種類のアルコール類と、多種類の有機酸類が反応して、多数種類のエステル（２章２節参照）を生産します。

エステルは一般に香りのよい化学物質です。この結果、漬物には、乳酸による特有の酸味と共に、独特のふくよかな香りがつくことになるのです。

野菜の漬物は、各国、各民族によっていろいろの物があります。日本の塩漬け、糠漬け、タクアンなどとともに、世界にはキムチ、ザワークラウト、ピクルスなどがあります。

乳酸菌はこのように、発酵漬物に独特の味と香りを与えるだけではありません。乳酸菌は乳酸を大量につくることによって漬物を酸性にし、他の菌の増殖を抑えるのです。つまり、**事実上、乳酸発酵した食べ物は腐敗する心配がないのです**。

発酵が毒の分解に利用されている例があります。アフリカにはキャッサバというイモがあり、これを主食にします。一方、アマゾン川流域ではキャッサバを擦りおろし、粉末に加工したものをマンジョカといって主食にします。

しかし、キャッサバには青酸化合物という猛毒が含まれ、そのまま食べると命を失います。そのため、食べる前に毒抜きの操作が必要になります。幸いなことにこの毒物は水溶性のため、キャッサバを擦りおろして丁寧に水で晒(さら)すことによって、大半の毒物は無くなります。同時に、この過程で発酵が起こります。発酵によってキャッサバの味は酸っぱくなるといいますから、乳酸発酵の一種なのでしょう。そしてこの発酵も毒抜きに一役買っているといいますが、その詳細は明らかではありません。

はっこうの窓

日本が誇るお漬物

漬物は日本の誇る野菜の発酵食品です。野菜の章の最後に、ちょっと変わった漬物を見てみましょう。

○三升漬け（北海道）：青唐辛子、麹、醤油をそれぞれ、一升ずつの分量で漬け込んだもの。

○イブリガッコ（秋田県）：囲炉裏の煙でいぶした大根でつくったタクアン。ガッコは雅香がなまったもの。

○金婚漬け（岩手県）：縦に細く切った人参とゴボウを昆布で巻いて昆布巻きをつくり、それをワタを抜いたカリモリウリに詰めて味噌漬けにしたもの。

○三五八（さごはち）漬け（福島県）：塩、麹、もち米を炊いた物を３：５：８の割合で混ぜ、１週間ほど寝かせてから各種の野菜、魚などを漬け込んだもの。

○晩菊（山形県）：菊の花を中心に各種の野菜を細かく刻んで塩漬けにしたもの。

○あんにんご（杏仁子）漬け（新潟県）：ウワズミサクラの実を塩漬けなどにしたもの。

○納豆漬け（茨城県）：糸引納豆と、大根を縦割りにして干した割干大根を刻んで醤油漬けにしたもの。

○寒漬け（山口県）：塩漬けした大根を寒風で乾燥し、叩いて薄くしてから醤油などで漬けたもの。

○緋のかぶ漬け（愛媛県）：緋カブラをダイダイ酢で漬けたもの。赤い色が特徴。

○壺漬け（鹿児島県）：杵でついた干し大根を壺で塩漬けにしてから、調味醤油で味付けしたもの。

○ジージキ漬け（沖縄県）：二つ割にした大根と黒砂糖を交互に重ねて半年程度漬けたもの。

第7章

魚介類の旨さは発酵から生まれる

魚介類の発酵って？

——旨味が確実に増す

日本は海に囲まれた国であるためか、魚介類を食品として利用する技術に長けています。中でも魚介類の発酵食品は他の国に見られないほど種類が多く、その作成技術も発達・洗練されています。**魚介類の主な構成要素はタンパク質と油脂**です。これらは発酵によってどのように変化するのでしょうか。

第６章の「野菜（植物）」で見たように、でんぷんは発酵によって大きく変化しました。高分子であるでんぷんは、酵素によって単位分子のブドウ糖に分解され、ブドウ糖はさらにほぼ２等分されて２分子の乳酸になりました。

しかし、タンパク質は発酵されても、でんぷんのようにそれほど大きな変化は起こしません。単位分子のアミノ酸に分解されるだけです。アミノ酸がさらに分解されて、さらに小さな分子になることなどはありません。

ただ、味の素として知られるグルタミン酸のように、アミノ酸は「旨味の素」といわれます。グルタミン酸は昆布やトマトの旨味であり、アスパラギン酸はアスパラガスの旨味といわれます。

タンパク質は、発酵によってこのようなアミノ酸を発生するのですから、発酵によってタンパク質の旨味が増すのは納得できることです。

また、肉類にはDNA、RNAの核酸が入っており、この核酸が発酵によって分解されると、核酸構成要素が遊離します。このような物にカツオブシの旨味の素であるイノシン酸や、シイタケの旨味の素であるグアニル酸があります。この面からも、発酵によって旨味が向上するはずです。

魚介類のもう一つの構成要素である油脂も、酵素によって分解されます。その結果発生するのは、グリセリンと各種の脂肪酸です。グリセリンは粘稠（ねんちゅう）な油状物質で、甘味があることで知られています。

一方、脂肪酸は有機酸ですから多少の酸味を持ちますが、それと同時に旨味も持ちます。脂肪酸の一種であるコハク酸は貝の旨味として知られますが、同時に日本酒の旨味としても知られています。

また、脂肪酸は発酵によって他の脂肪酸に変化することがあることが明らかになっています。中には健康や頭によいといわれるIPAに変化することもあるといいます。

このIPAは、EPAと呼ばれることもあります。IPAとEPA、どちらが正しいのでしょうか？

IPAはイコサペンタエン酸（アシド）の頭文字をとった物です。イコサはギリシア語の数詞で20、ペンタは5を意味します。エンは二重結合を表します。つまりIPAは炭素数20個、二重結合数5個の脂肪酸という意味なのです。

しかし、20を表す数詞は、以前はエイコ（E）が用いられました。そのためEPAという慣用名も残っているのです。

日干しと塩蔵（えんぞう）という発酵方法

——経験と知恵を凝らした発酵食品の数々

日本には多くの発酵魚介類がありますが、地方にはまた独特の発酵魚介類があります。このような物の多くは長期保存のために塩漬けにした、いわゆる「塩蔵品」ですが、「干物」も発酵品の一種と考えられます。

干物は魚介類を下処理して不要の部分（内臓など）を取り去り、食用の部分に塩をして、基本的に太陽光と風によって乾燥した物です。太陽光は熱源としてだけでなく、豊富な紫外線によって腐敗菌を殺菌し、魚が腐敗するのを防ぎます。この乾燥の過程で発酵が進み、干物特有の旨味が出てくるのです。

アジの干物、イワシの干物、アナゴの干物、イカの干物であるスルメ、あるいはナマコの内蔵の干物であるクチコなど、どれも独特の旨味を持っており、それはナマの新鮮な魚の旨さとも異なります。これは発酵過程に生じたアミノ酸によるものです。また、干す前にみりん（味醂）で味付けしたみりん干し、焼酎で味付けした焼酎干しなどもあります。

中国料理では、いったん日干しにした魚介類を水で戻して料理に使う物もあります。旨味に用いる干し貝柱は日本料理でも使うところです。その他には、干しアワビ、サメの鰭（ひれ）、ナマコを乾燥したキンコなどが有名です。

では、なぜ、一度乾燥するという面倒な手間を踏むのか、というと、それは発酵によってアミノ酸を増やすためです。日干しにした魚介類はアミノ酸が増え、前述したように、ナマの新鮮な魚より旨味が増えているのです。

特殊な干物に「**灰干し**」というものがあります。これは主に火山灰を用いて魚を乾燥する手法です。下処理した魚を薄い塩水にくぐらせ、水を拭き取った後、ガーゼや和紙でくるみます。これを箱に詰めた火山灰の上に並べ、さらに魚の上に火山灰を被せて適当な時間、放置するのです。

図 7-1 ● 魚の灰干し

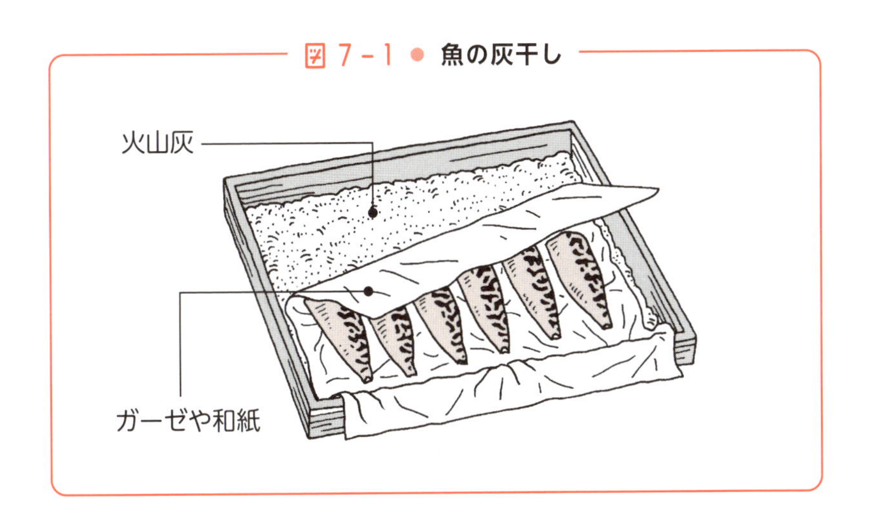

この「灰干し」の操作によって水分が灰に吸収され、魚が結果的に乾燥状態になります。このとき、魚から発生する嫌な匂い成分であるアンモニア（アミン臭）も、多孔性の火山灰によって吸収されるといいます。

また、低温で乾燥することができるので、魚の傷みも少なくなる効果があります。

伊豆諸島でつくられるクサヤの干物も特殊な干物ということができるでしょう。これはアジなどの魚を開いて内臓を取り除いた後、クサヤ汁という特殊な液体に漬けた後、乾燥するのです。慣れない人には口(くち)にできないほど特殊な匂いがしますが、独特の旨味があり、好きな人には好まれます。

この秘密はクサヤ汁にあります。江戸時代、この地方では年貢として塩を収めることが義務づけられており、塩は貴重品でした。そのため、干物にする魚を漬けた塩水を棄てることなく、繰り返し使用しました。その結果、**塩水の中に乳酸菌などが繁殖し、独特の匂いと旨味を生じた**のです。

発酵魚介類の代表といえば塩辛が挙げられます。これは典型的な塩蔵品であり、各種の物があります。最もよく知られた物はイカの塩辛ですが、似たものにタコの塩辛もあります。カツオの内蔵の塩辛である「酒盗(しゅとう)」も有名ですし、鮭の血合いからつくった「メフン（女奮）」も知る人ぞ知る味です。

ナマコの内蔵の塩辛は「コノワタ（海鼠腸）」と呼ばれ高級珍味で知られています。アユの内臓の塩辛は「ウルカ」と呼ばれます。魚卵の塩蔵物もよく知られ、タラコの塩蔵品、あるいは唐辛子を使った明太子は有名です。

また、鮭の卵の塩蔵品である「スジコ*」、「イクラ*」もポピュラーです。ボラの卵を塩蔵したのち風で乾したものは、その形が中国の墨に似ていることから「カラスミ」と呼ばれ、太閤秀吉が好んだ高級珍味として知られています。

これらは皆、塩蔵の過程で発酵を起こし、タンパク質がアミノ酸に分解して旨味を増したものです。新潟では鮭を１～２週間ほど塩蔵した後、水に漬けて塩出しをし、その後、冬の寒い時期に日の当たらない戸外に吊るして風で干した「しおびき」という郷土料理があります。鮭の塩漬けである荒巻鮭とは違った独特の風味があります。

塩引きは、通常は数週間の風乾（ふうかん）（風など外気に晒すことで自然乾燥させる）で食べますが、中には夏まで乾燥することもあります。この場合には身が引き締まって半透明の赤い鼈甲（べっこう）色になりますが、これを薄く切って酒に浸したものを「鮭の酒浸し」といって、お酒の肴に珍重します。低温で長時間発酵、熟成され独特の旨味が出てきます。

九州では小型のカニのシオマネキを臼で潰して塩辛にした「ガンズケ」が郷土料理として知られています。

似たような食品は世界にもあります。東南アジアで食べられるシュリンプペーストは小エビを微生物ではなく、原材料そのものが持つ酵素によって発酵させたものですし、韓国のホンオフェはエイを発酵させたものです。またヨーロッパで食べられるアンチョビはカタクチイワシを発酵させたものです。

＊鮭の卵はハラコ、イクラ、スジコ（筋子）などと呼ばれる。ハラコは卵巣膜で包まれた状態、イクラは卵巣膜を外してバラバラにした状態である。ハラコは筋子とも呼ばれるが、一般に筋子という場合はハラコを塩蔵した物のことをいう。そのため、ハラコを生筋子という場合もある。

世界に誇る「鰹節」の発酵

——鰹節のつくり方、トラフグ毒の除去

日本食に欠かせない調味料に「**カツオブシ（鰹節）**」があります。鰹節にはいくつかの種類がありますが、最も伝統的で本格的な物は**枯節**（かれぶし）、あるいは本枯節といわれるものです。

これは鰹を極限まで乾燥発酵させた食品です。つくり方は次のようになります。

まず、鰹を三枚に下ろし、身の部分を水で煮ます。その後、皮の部分をはぎ取り、形を整え、さらに半乾燥したものを生利節（なまりぶし）といいます。生利節は調味料に用いるのではなく、そのまま食べたり、料理の素材にします。

鰹節にする場合には、三枚に下ろした身をさらに縦に二等分します。このうち、背側の部分からできた鰹節のことを**雄節**（おぶし）、腹側の部分からできた鰹節のことを**雌節**（めぶし）といいます。雌節の裏側を見ると、少しえぐれています。これは腹側なので、内臓が取り除かれているためです。ですから、形を見れば雄節、雌節の違いがわかります。

また、小型の鰹を用いて、三枚に下ろした状態でつくったものを亀節（かめぶし）といいます。

このようにして整形した身を燻製にして香り付けをします。焦げた部分や傷ついた部分を包丁で綺麗に削り除いて原形を整えます。

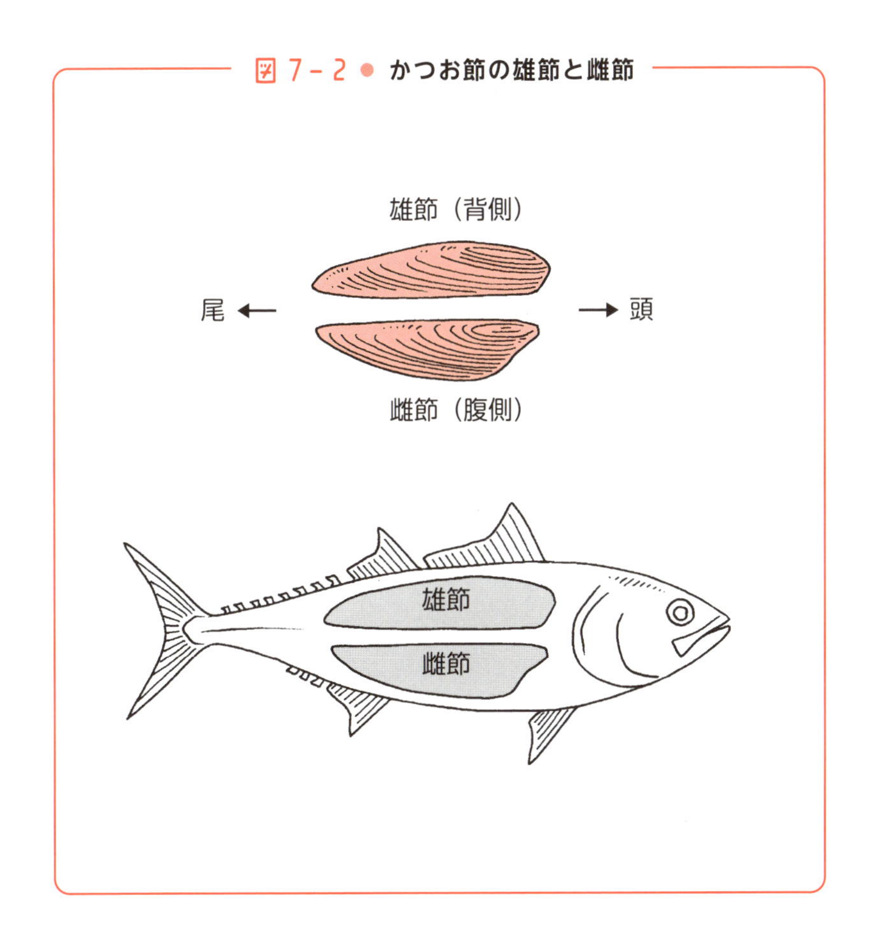

図7-2 ● かつお節の雄節と雌節

これを天日で乾燥したものを荒節（あらぶし）、あるいは薩摩節といいます。

本枯節をつくるには、これにカビを付けます。純粋培養したカツブシカビを噴霧した後、締め切った部屋でカビを繁殖させます。その後、カビを削り落とし、また乾燥させます。

このようなカビ付け、乾燥を繰り返したものが枯節（かれぶし）で、完成までに数週間かかります。本枯節は数か月から 2 年ほどかかる物もあるといいます。重量は生身の 20% ほどになるそうです。

このようにすることによって、カビの菌糸を通じて内部の水分まで除かれて完全乾燥し、発酵と熟成が進行してタンパク質や核酸が分解して、アミノ酸や核酸成分が発生して旨味がギュッと凝縮した保存食品ができるのです。

前章でキャッサバというイモに含まれる有毒成分が発酵で除かれる例を見ましたが、このような例は魚の場合にもあります。

トラフグはテトロドトキシンといわれる猛毒を持ちますが、毒のある部位は肝臓、血液、卵巣だけで、他の部位に毒はありません。ただし、肝臓、血液、卵巣に含まれる毒の量はものすごく、食べたらほぼ確実に命がなくなります。

ところが、石川県の能登半島地方ではこのトラフグの卵巣を食用にします。もちろん、特別な操作を施したうえでのことです。この操作というのは、まず卵巣を塩漬けにして1年ほど置き、いったん水に晒して塩抜きをしたうえで、今度は糠(ぬか)漬けにして1年ほど置くのです。このようにすると確実にテトロドトキシンは分解されて無毒になります。

製造工程中の毒性変化を調べた例では、原料の卵巣の毒性は443単位と非常に高いにもかかわらず、塩漬け7か月後には90単位と5分の1に低減します。さらに糠漬け2年目には14単位にまで減少します。つまり最初の毒性の30分の1まで下がるのです。

しかし、どのような化学的メカニズムによって無毒化されるのかは依然として不明です。とにかく無毒であるのは、厚生労働省のお墨付きであり、この「フグの卵巣の塩漬け」は現地の土産物屋さんで一般的に売られています。機会があれば、試してみてはいかがでしょうか。

はっこうの窓

毒キノコを食べる

昔、よく聞いた話があります。山へ出かけ、美味しそうなキノコを見つけたとします。たまたま通りがかった土地の人に聞きました。

「このキノコは食べられますか？」

通りがかった人は答えたそうです。

「アア、食べられるよ」

その言葉を信じてキノコを食べた人は、酷い食中毒で苦しめられたということです。

この話にはウラがあります。土地の人が「食べられる」といったのは、あくまでも「『塩漬けにすれば』食べられる」という、条件付きのことだったのです。では、塩漬けにするということはどういうことでしょう？

土地の人が「キノコを塩漬けにする」というのは、「キノコを茹で、それを塩漬けにし、その状態で冬の間の半年間を置き、その後、塩漬けのキノコを水に漬けて塩出しをすれば食べることができるよ」ということだったのです。

この操作の間に、水溶性の毒物は水に流れ出します。毒成分によっては各種細菌によって分解、無毒化されるかもしれません。それを知らず、土地の人の言葉の真の意味を理解せずに、採ったキノコをその場で食べたのでは、何事かが起こるのも無理からぬ話です。

熟れ鮨の発酵

——自家製はご用心

魚とごはんを同時に発酵させた食品もあります。飯鮨（いいずし）、あるいは**熟れ鮨**（なずし）といわれるものです。これは容器にごはんと麹を混ぜたものを敷きつめ、その上にフナなどの生の魚を並べ、その上に、また、ごはんと麹を置き……、というように何層にも並べた物を数週間から数か月保存したものです。

ごはんが乳酸発酵し、その酸味が魚に移り、魚の方も発酵してアミノ酸が発生する、ということでできた鮨です。日本の鮨の原型といわれています。

現在私たちが食べる鮨は速鮨（はやずし）といわれるもので、乳酸発酵の代わりに、お酢を用いている物です。

世界一臭い食べ物といわれるスウェーデンのシュールストレミングはニシンを塩漬けした缶詰です。ふつうの缶詰をつくるときには、密閉した缶詰を加熱して内部を殺菌しますが、シュールストレミングの場合には、加熱も殺菌もしません。そのため缶詰の内部で発酵が進行し、その際に生じる二酸化炭素の圧力で缶は膨張します。

この缶詰を空けると中から発酵によって生じた臭い液体と、半ば液状化したニシンが、ガスとともに吹き出る、という食べ物です。自分にできるだけその液体がかからないよう被害を少なくするには、水中で缶詰を空けるとよいといわれます。

発酵が継続するため、食べ頃があり、7月に製造して9月に食べるのがオススメということです。

熟れ鮨にしろ、シュールストレミングにしろ、これらをつくる環境は嫌気性であり、嫌気性細菌であるボツリヌス菌に最適の環境です。ボツリヌス菌の出す毒素は、すべての毒素の中でも最強クラスです。このような食品を食べるときには、自家製をチャレンジするのではなく、くれぐれも権威ある会社、機関で責任を持ってつくった物を選ぶのが無難でしょう。

さて、熟れ鮨は「魚とご飯」を一緒に漬けた物でしたが、「魚と野菜」を一緒に漬けた漬物もあります。主な物を見てみましょう。

○松前漬け（北海道）：細く切った昆布とスルメの細切り、カズノコなどを醤油ベースで漬けたもの。

○ニシン漬け（北海道）：身欠きにしんと大根、キャベツを麹で漬けたもの。福島県のニシン漬けは身欠きにしんと山椒の葉を醤油に漬けたもの。

○鮭はさみ漬け（北海道）：薄切りの鮭と白菜、大根、ニンジン、キュウリを重ねて麹で漬けたもの。鮭の代わりにカニを使ったカニはさみ漬けもある。

○カブラ漬け（石川県）：ブリの薄切りと株の薄切りを麹で漬けたもの。

○菜の花ニシン漬け（日本全国）：生のニシン、いわしを3枚におろして一口大に切った物と、菜の花を酢漬けにしたもの。

地域でとれる「魚＋野菜」をもとに、いろいろの発酵食品がつくられているのです。

はっこうの窓

山のきりたんぽ、海のしょっつる

秋田の郷土料理といえば、きりたんぽ、しょっつるです。きりたんぽというのはご飯を竹に巻きつけて焼いた竹輪状の物です。これは、昔の稽古用の槍（たんぽ槍）の穂先に似ているため、「きりたんぽ」という名前になったとされます。きりたんぽ鍋は秋田の比内地鶏*やキノコとともに、醤油仕立ての鍋で、山の食材がいっぱいなのです。

それに対してしょっつるは海の食材でできた鍋です。しょっつるというのは調味料の名前であり、ハタハタ等の魚を塩蔵することによってできた発酵汁のことで、魚醤の一種です。これを出汁にして魚を煮て食べます。しょっつる鍋の正式名は「しょっつるかやき」です。「かやき」というのは「貝焼き」のことであり、つまり、この料理では鍋の代わりにホタテガイの貝殻を使っていたのです。

したがって、この料理に使う魚は小振りに切って用いることになります。しょっつる鍋に入れる魚で最高なのはシラウオだといわれるのも、その辺りに関係があるのでしょう。何ごとにも、一家言をもってこだわる秋田人らしい食べ物です。

＊「比内鶏」は秋田県で古くから飼育されている鶏だが、天然記念物に指定されているため、食べることはできない。一般に「比内鶏」と看板が出ているのは実際には「比内地鶏」のことで、これは秋田比内鶏の雄とロードアイランドレッドの雌をかけ合わせたもの。濃厚な比内鶏の味を継承しているとされる。薩摩地鶏、名古屋コーチン、比内地鶏の３種が日本三大地鶏とされる。

第8章

肉の旨さと発酵にはどんな関係があるのか

8-1 熟成と発酵はどう違うか？

——自家酵素か、他人の酵素かの違い

「熟成」や「熟成肉」という言葉をよく耳にするようになりました。熟成肉とは適当な温度、湿度の下で、適当な時間保存すること、あるいは保存した肉のことをいうようです。「熟成魚」というものもあります。

生肉や生魚を長期間保存すると、腐敗します。中世ヨーロッパでは、ブタや牛などの家畜に秋や冬の間、餌を与えて生かしておくほどの余裕はありませんでした。そのため、餌が少なくなる晩秋には家畜を屠殺し、枝肉（半身）として保存します。当然、春に近づく頃には腐敗臭がひどくなります。それを消すために現れたのが東洋の魔薬ともいうべき胡椒（こしょう）であり、その価格は「金よりも高かった」という話が出てくるほどです。コロンブスやマゼランが活躍した大航海時代は香料を探す目的で始まった、ともいわれます。

腐敗を避けるためには、塩を加えて生ハムにする、魚の場合には塩ジャケのように塩を加えて発酵食品にする以外、ほかに手立てはありませんでした。

では、熟成とはどういうことでしょうか。発酵や腐敗と何が違うのでしょうか。実は、発酵も腐敗も熟成も、本質的には同じことなのです。いずれも、すべての生体に含まれ、すべての生体の生命活動において決定的に重要な働きをする「酵素」の働きに違いはありません。

酵素は生命体ではありません。物質です。化学物質といってもかまいません。酵素はタンパク質の一種なのです。タンパク質は焼肉屋さんの「肉」の仲間です。

しかし、お肉、すなわち筋肉や贅肉やコラーゲンだけがタンパク質ではありません。**タンパク質の中で最も重要な働きをしている、いわばタンパク質の中のエリートが酵素なのです**。

酵素は生命体の生命を維持する生化学反応を支配します。問題は酵素の所属です。**発酵と腐敗を司る酵素は、問題の生命体以外の生命体からきた酵素です**。平たくいえば、食品にたかる微生物からきた酵素です。

それに対して**熟成を司る酵素は生命体そのものに備わっていた、「身から出た酵素」なのです**。つまり、自分が持っていた酵素による自家発酵、それが熟成なのです。

最近話題を集めているのは、乾燥状態で熟成させた牛肉、乾燥熟成肉です。これは、食肉を調理前にある程度の期間保存することで、食味や食感を変化させたものです。この間に自家酵素によって自家発酵が進み、肉は牛肉、豚肉、鹿肉、鴨肉を問わずタンパク質の分解に伴って柔らかくなり、アミノ酸が増加した結果、味も深く美味しくなります。

これは冷蔵庫がなかった時代に、ヨーロッパで食肉を冷涼な洞窟や地下倉庫などに吊るして保存したことによって経験した生活の知恵です。しかし、貯蔵の条件によって、あるいは長すぎる貯蔵期間によって腐敗菌が増殖し、食用にならなくなることももちろんあります。

アメリカでは農務省（USDA）が乾燥熟成肉に8種類のグレードを付けて管理しています。日本でも農林水産省が2015年に規格の導入を検討しましたが、熟成方法を企業秘密として公開を拒否する事業者もあり、見送った経緯があります。

代表的な牛肉の乾燥熟成プロセスとしては、ブロック（肉塊）または枝肉（半身）などを乾燥熟成庫内に一定期間貯蔵するというもので、庫内の温度を0～4℃、湿度は80%前後に保ち、常に肉の周りの空気が動く状態とします。熟成期間は14～35日間というものです。

保管中にカビが自然に生えますが、保管庫内に置いた数年物の肉についたカビを意識的に肉に移して、熟成を促すこともあるといいます。どちらの場合でも、カビが広がった肉の表面近くを調理前に削り取るのは当然のことです。

最近では、熟成に適したカビの胞子を付けて、有毒なカビや腐敗・食中毒菌の侵入を防ぎつつ、熟成を進められる「**エイジングシート**」も開発されているといいます。これは飲食店を手がけるフードイズムと、明治大学農学部の村上周一郎准教授が開発したもので、肉にもともと含まれる酵素以外に、カビが持つ酵素が脂質を分解することで熟成香が生じる効果もある、といいます。鰹節の原理と同じです。

生ハムの熟成

——発酵させるのは「生ハム」と「中国ハム」のみ

肉製品としてハムの需要は大変に高いものがあります。ハムにはロースハム、ボンレスハム、生ハム、中国ハムなど多くの種類があります。これらのうち、**微生物を利用した発酵・熟成でつくられるのは生ハムと中国ハムです**。ふつうに見かけるロースハム、ボンレスハムなどは発酵には関係ありませんが、まずは通常のハムから見ていくことにしましょう。

ハムは基本的に豚のもも肉からつくります。骨付きもも肉をそのまま使ったのが「骨付きハム」、骨を抜いたもも肉を用いたのが「ボンレスハム」です。そのほか、豚の背肉を使ったロースハム、肩肉を使った「ショルダーハム」、バラ肉を巻いてつくった「ベリーハム」などがあります。

プレスハムというのは豚肉に馬肉、羊肉などの獣肉、それに大豆タンパク等の副原料を加えて成形調味したもので、日本独特の物です。ソーセージの変形ということもできそうです。

これらのハムの製造法は次のようになります。まず豚肉の肉塊を整形し、塩または塩水に漬けて、血絞りをし、血を除きます。肉に塩を加えると浸透圧の関係で細胞内の水分が外に出ると同時に塩が細胞に入り、腐敗の元となる微生物やカビの繁殖が抑えられます。また、肉の筋組織も塩を吸収することによってコラーゲンからなるタンパク質の維維がほぐれ、柔らかくなります。

図 8-1 ● 豚の部位とハムの種類

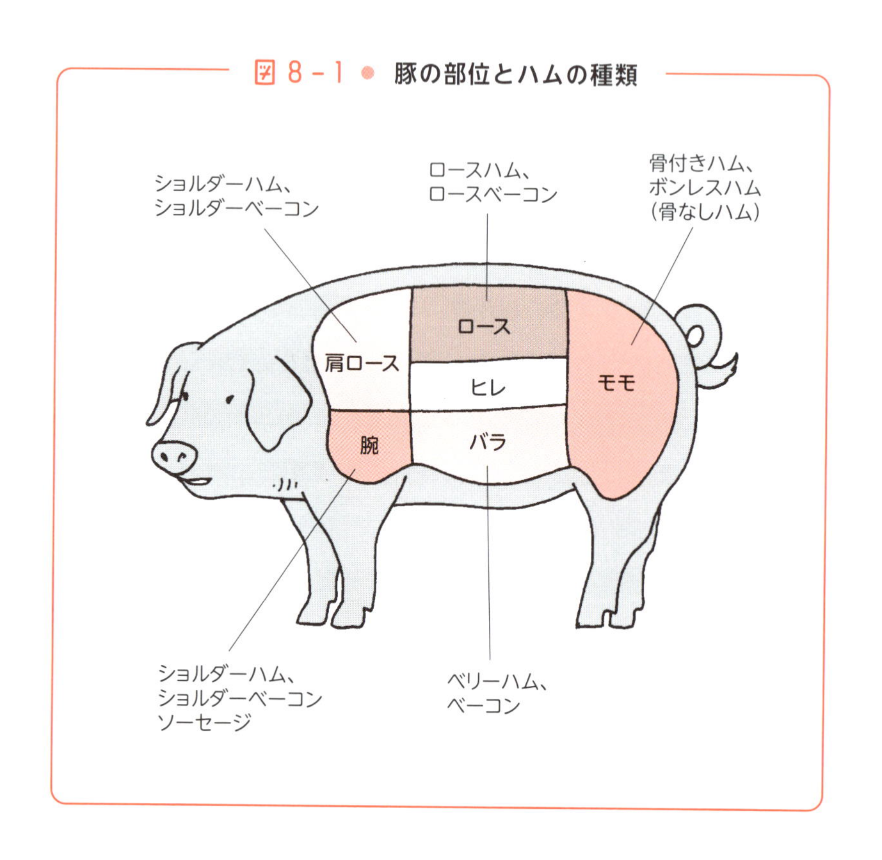

次に、発色剤である亜硝酸ナトリウム $NaNO_3$ を加えます。この段階で適当な期間、熟成したあと、燻煙(くんえん)します。燻煙法には熱い煙で燻(いぶ)す高温法と、冷ました煙で燻す低温法があります。燻煙が終わった後にお湯で煮て完成となります。

これに対して、微生物を利用した発酵でつくる**生ハム**は、燻製はしますが煮るなどの加熱はしません。生ハムはイタリアのプロシュートとスペインのハモンセラーノが有名ですが、ハモンセラーノを例にとってつくり方を見てみましょう。

図8－2 ● 生ハムができるまでのプロセス

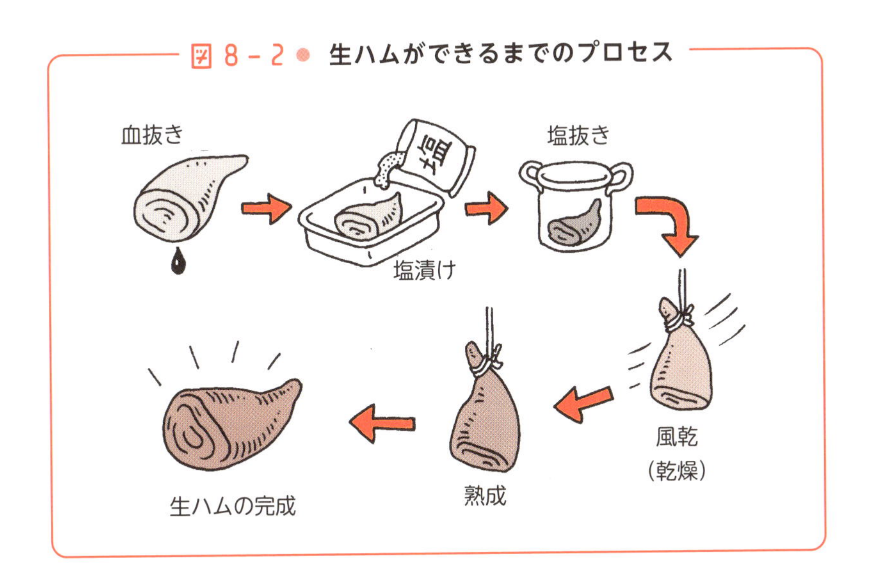

屠殺した後、脚の骨下約5cmのところを切断し、マッサージをして血抜きを行ないます。中心から先端に向かってすべての血液を出し切ることが重要といいます。

次に肉に塩漬けをします。大切なのは塩漬けをする期間です。一般的には重量1kgあたり1日の割合で塩漬けを行ないますが、この期間をどのくらいとるかは、生ハム職人たちの裁量によって調整されます。長ければ長いほど腐敗する可能性は低くなりますが、製品自体の塩分濃度も濃くなります。

その後、塩を水で洗い流し、温度と湿度を一定に調節した乾燥室に移動させ、熟成を進めていきます。熟成中に生ハムの水分が抜けていき、脂肪がゆっくりしたたり落ち、肉自体が小さく硬くなっていきます。乾燥室の温度は約６か月かけて、非常に低い温度から徐々に温度を上げていきます。そうすることで脂肪が安定して、生ハムの肉が特徴的な味になります。

その後、表面にオリーブオイルなどを塗り、長期間の熟成に入ります。熟成期間が長ければ長いほど、品質がよくなります。通常は２年程度ですが、長い物では５年も熟成させるものもあるそうです。

生ハムは、中国のフオトェイ（金華火腿、中国ハム、金華ハム）も有名です。豚の骨付きもも肉を塩漬けし、乾燥させた物ですが、鰹節のように表面にカビを生やしながら熟成するのが特徴です。塩味が強いので生食に用いることはほとんどなく、主に鶏肉などと合わせて出汁をとるのに使うか、あるいは魚や白菜などの野菜と共に蒸して、味付けに使います。

はっこうの窓

亜硝酸ナトリウム

138ページで発色剤の亜硝酸ナトリウムについて触れましたが、これを用いないとハムの色は一般の保存肉と同じ茶色になるといいます。その他にも殺菌・保存作用、獣肉特有の匂いを消す消臭作用があります。一方で、発ガン作用のあるN－ニトロソアミンを生成するとの指摘もあります。

問題は程度です。美味しそうな色、殺菌作用等を重視するか、発ガン作用の可能性を重視するか。最近のお料理には選択のむずかしい問題が山積しています。真面目に考えるほど酒量が増えます。

 発酵ソーセージ

——ドライとセミドライがある

食肉製品としてハムと並んで一般的なのが**ソーセージ**です。ハムと同じように、ソーセージにも発酵する物としない物があります。日本でおなじみのソーセージは発酵しない物が多いので、まず、そのようなソーセージのつくり方を見ておきましょう。

ハムが塊の肉を用いるのに対し、ソーセージはミンサーに掛けて細かくしたひき肉（ミンチ）を用います。これに、塩に亜硝酸ナトリウムを混ぜた塩漬剤を混ぜ、2～5℃の冷蔵庫で、2日～1週間程度熟成させます。

漬け込みが終わった肉に、香辛料や調味料を加えてよく混ぜ、羊腸や豚腸などに詰めて好みの長さにひねっていきます。

腸詰めが終わったソーセージは、燻煙する場合もありますし、しない場合もあります。燻製する場合は、桜や樫などのチップを用いてスモークを行ないます。スモーク後、蒸気やボイルによって加熱を行なって完成です。

ソーセージの中には、微生物を利用した発酵プロセスを含むものもあります。このような**発酵ソーセージ**のつくり方を見てみましょう。ふつうのソーセージと発酵ソーセージの違う点は、腸詰めにした原料肉を冷暗所で保管して自然発酵させることです。しかし、現在では多くの場合、乳酸菌などのスターターとしての微生物を接種します。

発酵ソーセージは、熟成期間の長い「**ドライソーセージ**」と、比較的短期間でつくられる「**セミドライソーセージ**」に大別されます。サラミソーセージに代表されるドライソーセージは、12～14週間の製造期間を経て、水分含量20～30%程度となります。それに対してセミドライソーセージは、1～4週間の製造期間で、水分含量は30～40%程度です。

図8-3 ● 発酵ソーセージができるまで

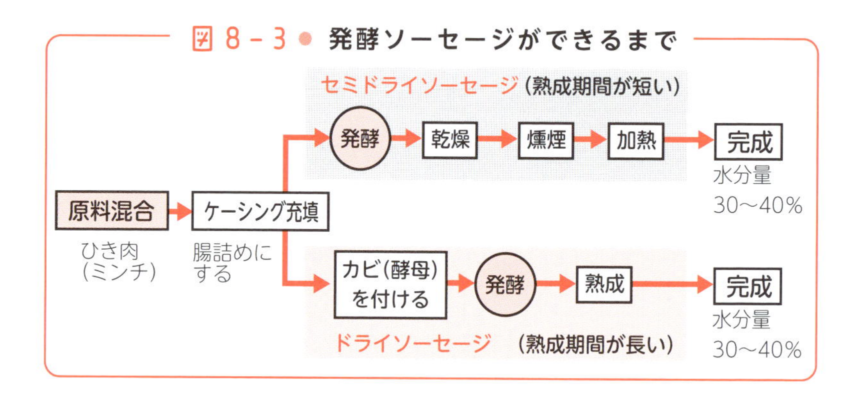

日本で一般的な発酵ソーセージはサラミソーセージくらいですが、ヨーロッパでは多くの種類のドライソーセージがあります。

スペインでは白カビで覆われた発酵ソーセージ「フエッ（フエ）」が有名です。乳酸発酵のためコクがあり、脂身が入っているので適度の柔らかさがあります。カマンベールチーズなどと同様に、周りの白カビは食べても大丈夫です。同じような物ですが、フエッより細くて、二つ折りになったものに「セカヨナ」もあります。

 発酵肉食品のいろいろ

——発酵ソーセージの変形がほとんど

肉を発酵した食品といえば、ハムとソーセージが主なものです。それ以外の、各国に存在する「発酵肉食品」は、そのほとんどが発酵ソーセージの変形ということになります。

タイ北部には伝統的な発酵ソーセージである「**ネーム**」があります。その製法は、新鮮な豚肉に食塩、ニンニク、唐辛子、もち米飯を入れ、常温で数日間発酵させます。その結果、乳酸発酵が起こり、pH が低下して酸性となり、微生物の増殖が抑制されます。

完成したネームには、適度に酸味があります。食べるときは、通常は加熱しますが、生食することもあるそうです。

ベトナムのハノイなどでは「ネムチュア」という発酵ソーセージが出回っています。「ネム」は日本の「春巻き」などを意味し、「チュア」は「酸っぱい」という意味です。名前の通り、「酸っぱい豚肉の発酵ソーセージスティック」です。細くて小さいソーセージが１本ずつバナナの葉に包まれています。柿の葉寿司（奈良、和歌山、石川、鳥取が有名）や笹寿司に似ています。

材料は豚ひき肉、豚の皮の千切り、唐辛子、ニンニク、その他調味料です。この肉は、生肉を発酵したもので加熱処理はしていません。

日本で熟れ鮨（なずし）といえば、ごはん以外の原料はフナやハタハタ、鮭等の魚だけです。日本には牛や豚などの獣肉を食べる風習がなかったことに起因するものでしょう。

ということは、獣肉を食べる習慣を持っている国では、獣肉を用いた熟れ鮨をつくっているだろうと予想させます。

まったくその通りで、獣肉食を習慣とする中国では牛肉と豚肉の熟鮓を愛用しています。中国では肉の熟鮓をそのまま食べるだけでなく、野菜などと共に炒めて食べます。発酵した畜肉は、美味しくて栄養があり、その上保存が効きます。日本でもこれからの畜肉加工法の一つとして発展が期待されます。

はっこうの窓

熟れ鮨

日本で熟れ鮨をつくるのは、主に関東以北です。滋賀県の鮒寿司は例外ではないでしょうか。それは腐敗、さらには食中毒を恐れるからです。

熟れ鮨や漬物のように、密閉容器で保存すると酸素の無い状態になり、嫌気菌が発生しやすくなります。嫌気菌で恐ろしいのがボツリヌス菌です。そのため、熟れ鮨をつくる時には容器の底はもちろん、ご飯、魚、笹、ご飯、魚、笹というように、笹の葉をふんだんに用います。笹は熊笹ですが、熊笹には殺菌作用のあることが知られています。

それでも、熟れ鮨の食中毒は起こるようです。十分な注意が必要です。

第9章

乳製品の発酵食品にはどのようなものがあるか

牛乳の成分は？

――乳糖を分解しておく

乳は哺乳類が幼い子に与える、栄養分に富んだ体液です。その成分は各動物で似通ったものですが、その成分の割合は動物によって違います。代表的な乳である牛乳の成分とその割合（%）を図 9-1 に示しました。

牛乳の重量の 87.6% が水分であり、この割合はどの動物もほぼ同じです。牛乳では乳糖（ラクトース）が 4.6% ですが、この数値は馬乳と人乳（母乳）では大きく変わります。馬乳と母乳では、乳糖の割合が 7% を超えています。馬乳の成分は母乳の成分によく似ており、そのため馬乳は赤ちゃんに与える粉ミルクの原料に使われているほどです。

乳糖は二糖類の一種であり、単糖類であるグルコース（ブドウ糖）とガラクトースが結合（脱水縮合）したものです。ガラクトースの和名は「脳糖」だそうですが、この名前が実際に使われることはほとんどありません。

乳糖は赤ちゃんの体内に入ると、ラクターゼという酵素によってブドウ糖とガラクトースに分解されます。ブドウ糖はそのまま栄養素として代謝系に回されますが、ガラクトースは肝臓で酵素によってブドウ糖に変換され、その後、代謝系に入ります。

図 9-1 ● 牛乳の成分割合

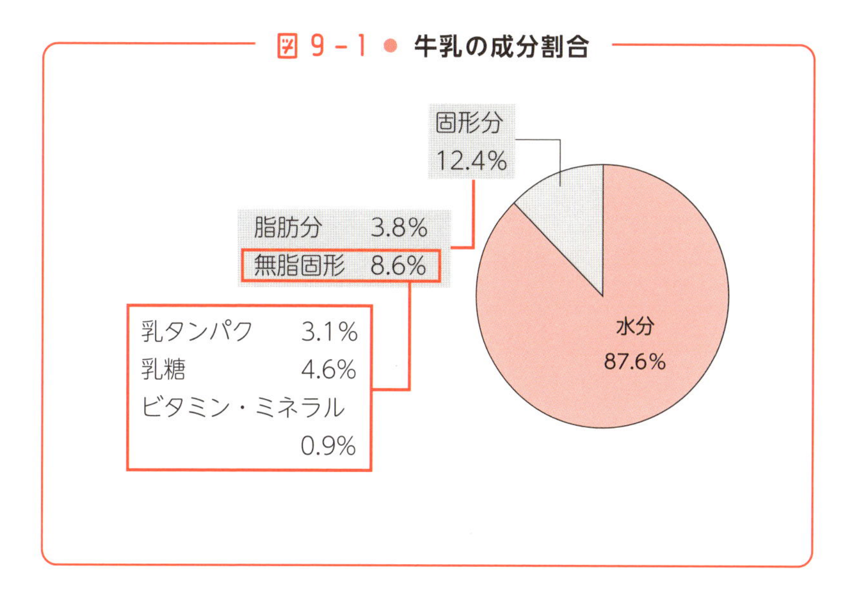

図 9-2 ● 乳糖を分解する

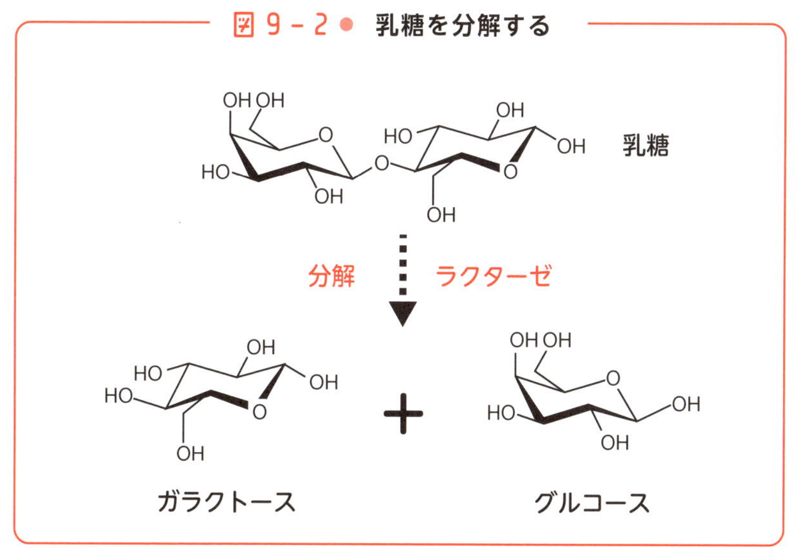

人間の場合、血中ブドウ糖濃度が 0.14% を大きく超えると身体によくないことが知られています。しかし、ブドウ糖にガラクトースを反応させて乳糖にすることにより、ブドウ糖としての濃度が数

パーセントになっても母体に悪影響を与えることはなくなります。

このように、乳中の乳糖は母体に悪影響を与えずに子供に多量の糖分を供与する手段となっているのです。

母乳に含まれる乳糖の一部は分解されずに大腸に達し、乳児の腸内のビフィズス菌を増やすのに使われるといいます。

多くの栄養素やビタミン類がバランスよく入っている牛乳は、「完全食品」といわれることがあります。しかし、食品として、牛乳がまったく問題がない、というわけでもありません。それは牛乳アレルギー、乳糖不耐症、ガラクトース血症が起こる可能性があるからです。

牛乳アレルギーは、牛乳に含まれるタンパク質、主にα－カゼインに対するアレルギー反応です。日本人の場合、食物アレルギーとしては鶏卵に次ぐ多さです。

症状としては、軽い場合はお腹の具合が悪いとか、湿疹が起こるぐらいですが、アナフィラキシーショックを起こすと命に関わることもあります。一般に幼児に多く見られますが、2～3歳になると耐性を獲得し、自然に消えていくことが多いようです。牛乳アレルギーを示す人の13～20%は牛肉にもアレルギーを示すといわれます。

牛乳アレルギーとは異なりますが、牛乳を飲むとお腹が痛くなったり、下痢を起こしたりする人がいます。このような症状を、以前は牛乳不耐症といいましたが、現在はその原因が乳糖にあることがハッキリしたので、**乳糖不耐症**といいます。

乳糖不耐症は、酵素ラクターゼの働きが低いために起こります。ラクターゼの活性が低いと、分解できなかった乳糖が腸管の中に残り、これが乳糖不耐症のいろいろの症状の原因になるためです。

人間の場合、乳製品を子供の頃から摂取してきた人を除けば、たいていの大人の腸内ではラクターゼの分泌が少ないことが知られています。**予防のためには、乳糖をあらかじめ分解しておけばよい**ことになります。

ガラクトース血症は遺伝性の疾患です。染色体の劣性遺伝によって、ガラクトースを代謝する酵素が非常に少ないか、もしくはまったく無くなってしまうのです。この結果、血中のガラクトース濃度が危険水準にまで高まることで、さまざまな症状が発生します。

ガラクトース血症は乳糖不耐症と混同されることもありますが、症状は深刻です。ガラクトース血症が引き起こす疾患は身体に被害を与えるもので、細胞破損による肝硬変、毛細血管損傷による腎不全、水晶体に浸透圧損傷を起こして発生する白内障、敗血症、髄膜炎など、深刻なものがあります。また、言語障害、失調、骨粗しょう症、早発閉経などの合併症を伴う場合もあります。適切な治療が施されない場合、ガラクトース血症を発症した幼児の死亡率は75%に達するといわれます。

発症を防止する確実な方法は、乳糖とガラクトースを患者から遮断することですが、困難な場合もあるようです。母乳を与えてしまってからガラクトース血症であることに気づく場合も多いことでしょう。

しかし、新生児マスクリーニングによって発見することが可能であり、適切な処置をほどこすことも可能です。

9-2 ヨーグルト

——牛乳がダメでも、ヨーグルトなら大丈夫

牛乳を発酵させた食品として、日本で最も一般的な物はヨーグルトではないでしょうか。ヨーグルトに使う原乳は牛乳が一般的ですが、その他にも水牛、馬、羊、ヤギ、ラクダ等いろいろの動物の乳が使われます。

ヨーグルトの発生の地はヨーロッパ、アジア、中近東などさまざまな説があり、およそ7000年前とされます。**生乳の入った容器に、天然に存在する乳酸菌が偶然入り込んだのが、ヨーグルトの始まりと考えられます**。

日本ではヨーグルトは仏教伝来と共に伝えられ、「酪（らく）」の名前で寺院の中で利用されたといいます。近年になってからは、明治20年代に「凝乳（ぎょうにゅう）」の呼び名で、飲み物ではなく、整腸剤として販売されました。ヨーグルトが工業生産され、飲み物として一般に普及したのは太平洋戦争後であり、1950年に明治乳業から発売された「ハネーヨーグルト」がその先鞭をつけたといわれます。

ヨーグルトの基本的なつくり方は、牛乳を沸騰させ、30℃～45℃程度に冷します。ここに種菌または種となるヨーグルトを小量混ぜ、その後、30℃～45℃で一晩置きます。

乳酸発酵が進行すると、乳酸菌が生産する乳酸によって乳が酸性となり、固化します。この固化した部分が**ヨーグルト**です。その上に透明な上澄み液ができますが、これは**乳清**（ホエイ）といい、飲み物としたり、料理に使ったりします。ヨーグルトは乳酸のおかげで酸性になっているので雑菌が繁殖しづらくなっており、生の牛乳より保存性がよくなっています。

ヨーグルトが、世界的に普及したのは、ここ100年ほどのことといいます。きっかけをつくったのはノーベル賞受賞の細菌学者イリヤ・メチニコフ（6章4節参照）で、ブルガリア近辺に長寿者が多いのは、ヨーグルトを食べているおかげではないかと発表し、世界の注目を集めました。

その後の研究で、乳酸菌を体内にとり入れると大腸菌などの悪玉細菌が排除され、腸内の環境が整うことがわかりました。さらに乳酸菌によってタンパク質がアミノ酸に分解されて消化吸収されやすい形になること、また各種ビタミンが増えることなどもわかりました。

さらに前節で見た**乳糖耐性症状の原因になる乳糖も分解されるため、牛乳が苦手な人もヨーグルトなら大丈夫**ということになります。このようなことから、ヨーグルトが注目を集めたのでした。

一般に乳酸菌は腸内細菌としてヒトの腸管に生息していますが、ヨーグルトの乳酸菌は腸内定着することはできません。しかし、乳酸菌の生産する代謝物が、腸内の有害なウェルシュ菌（悪玉菌）などを減少させ、在来の乳酸菌（善玉菌）を増殖させるという整腸作用を現します。

乳酸菌の耐酸性には差違がありますが、ヨーグルトでよく利用されている「ブルガリア株」は酸に弱く、胃酸で死滅（不活化）します。しかしその菌体や代謝産物は腸内で有効に働くといわれます。ビフィズス菌もヨーグルトで利用されますが、これは耐酸性が強く、胃酸で不活化することなく、大腸内で定着することができます。

現在、市販のヨーグルトには多くの種類がありますが、主な物を見てみましょう。

製法では、**前発酵法**と**後発酵法**があります。前発酵法は牛乳をタンク内で発酵させてヨーグルトにした後、容器に入れるものです。ソフトタイプのヨーグルトに向く方法です。反対に後発酵法は牛乳を容器に入れてから発酵させるもので、ハードタイプのヨーグルトに向きます。

図 9-3 ● ヨーグルトづくり

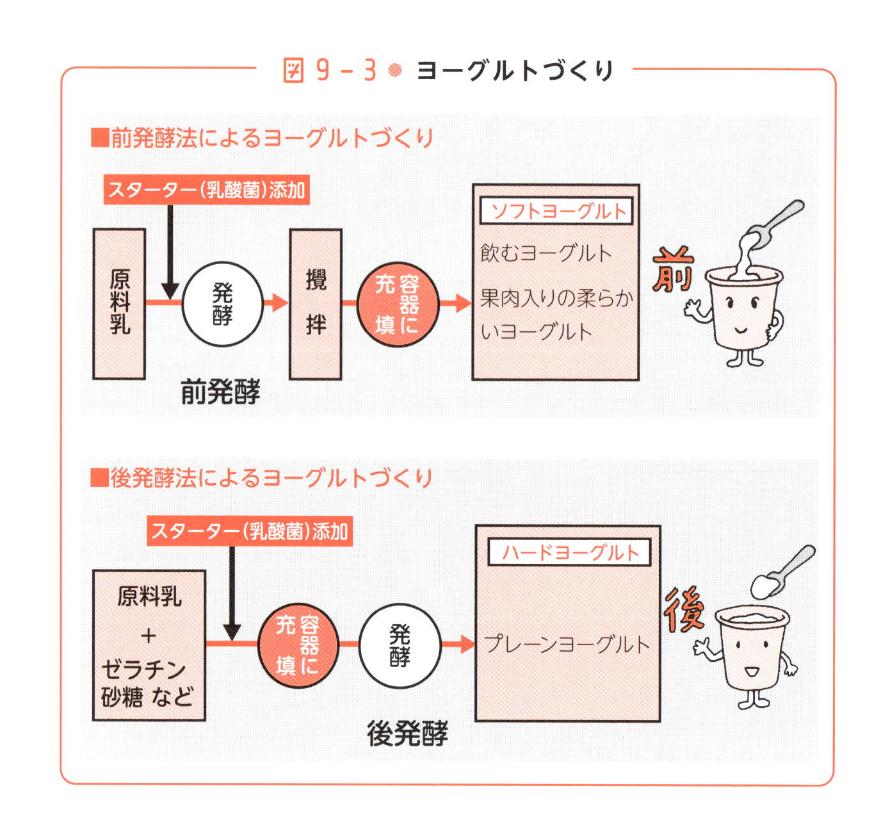

出来上がった製品で見ると、プレーンヨーグルトは生乳や脱脂粉乳などの乳製品のみを用いたタイプです。ソフトヨーグルトは前発酵法で発酵させた後に固体部分を破砕、攪拌（かくはん）して半流動性を持たせたものです。一方、ハードヨーグルトは後発酵法でつくり、果肉などが加わるものもあります。ドリンクヨーグルトは前発酵のヨーグルトを細かく砕いて液状にしたものです。

その他にも、動物乳を使わず、大豆の豆乳を原料としたヨーグルトもあります。

はっこうの窓

ヨーグルトのキノコ

牛乳は世界中で愛用される飲料であり、それだけに牛乳を発酵させた製品はヨーグルトに限りません。

黒海とカスピ海にはさまれたコーカサス地方には「ケフィア」と呼ばれる発酵乳があります。乳酸菌のほかに酵母や酢酸菌が含まれます。「ヨーグルトのキノコ」として流行したことがあります。

インドには「ダヒ」と呼ばれる発酵乳があります。これも乳酸菌の他に酵母が作用します。ネパールでは水牛やヤクなどの乳からつくられます。

北欧にも各種の発酵乳があります。フィンランドの「ビリィー」はカビが表面を覆っており、糸を引くような粘性があります。デンマークの「イメール」は固形分が多く、酸味が強いのが特徴です。またアイスランドの「スキール」は脱脂乳からつくられるもので、酸味は少なく、独特のモチモチ感があります。

9-3 乳の特定成分を発酵させたもの

——発酵クリーム、発酵バター、ナチュラルチーズ

乳を発酵させた製品には、ヨーグルトのように乳全体を発酵させたものの他に、乳の特定成分だけを分け取って発酵させたものもあります。そのようなものに、発酵クリーム、チーズ、発酵バターなどがあります。

発酵クリームというのは、クリームを発酵させたものです。そもそもクリームは、「乳から乳脂肪分以外の成分を除去し、乳脂肪分を18.0%以上にしたもの」と定められている通り、脂肪分が多いものです。そして脂肪分の濃度によってコーヒーに入れる18～30%の「ライトクリーム」と、ホイップ用に使われる30～48%の「ヘビークリーム」に分類されます。

クリームをつくるには、精製していない乳を加熱殺菌した後、放置、冷却すると上層にクリームが分離してきますから、それを取り出せば、出来上がりです。工業的には遠心分離機を用いて製造されます。

このクリームに乳酸菌を混ぜ、乳酸発酵させたものが発酵クリームです。生クリームのコクや香りと、乳酸発酵による酸味をあわせ持っています。そのままでも食べられる他、料理やチーズケーキなどに使用されます。サラダドレッシングなどに使われるサワークリームは発酵が不十分な発酵クリームということができます。

クリームを激しく振盪する、あるいは練ると、乳脂肪分が固体として遊離します。これを集めたものがバターです。バターの成分は80% ほどが脂肪分であり、他の大部分は水分です。100 g のバターをつくるには約 5L の牛乳が必要といわれます。

このバターを乳酸発酵させたものが**発酵バター**です。とはいうものの、近代までのバターには天然の乳酸菌が混入しており、したがってバターはすべて発酵バターでした。それが近代になって衛生設備が完備して、初めて天然乳酸菌の混入しない無発酵バターをつくることができるようになった、というわけです。

ところが日本に本格的なバターが根づいたのは近代以降なので、日本では無発酵バターがふつうで、発酵バターは特殊という逆転現象が起きたのです。

発酵バターのつくり方には、乳酸菌を生クリームに添加して発酵させる方法と、バターに直接乳酸菌を練りこんで発酵させる方法とがあります。いずれにしろ発酵バターは、バター本来の風味に加えて、乳酸発酵によるヨーグルトのような酸味と特有の芳香があります。

チーズには大きく分けてナチュラルチーズ、プロセスチーズがあります。

ナチュラルチーズは、生乳などを乳酸菌や凝乳酵素で固め、ホエイ（乳清）の一部を除去したものをいいます。これに対し、プロセスチーズとは、ナチュラルチーズに乳化剤などを加えて加熱・再成形したもののことです。

ナチュラルチーズの基本的なつくり方は以下のとおりです。

まず、牛乳に酢、レモン果汁などの酸を加えます。すると牛乳が固化してモヤモヤしたものが分離してきます。これを布巾で濾(こ)して固形分を分け取れば、それがすなわちカッテージチーズというわけです。

チーズの主な原料は、乳の中にあるタンパク質の一種である「カゼイン」です。カゼインには1つの分子中に、水に溶ける親水性の部分と水に溶けない疎水性の2つの部分があります。このような分子が集まって集団（コロイド）となり、液体中に浮遊したのが乳なのです。

この乳に乳酸菌を加えてpHを酸性に変えたり、あるいはレンネットと呼ばれる凝乳(ぎょうにゅう)酵素を添加したりすると、カゼイン分子の親水性の部分が加水分解によって切り離されます。すると、カゼイン分子の疎水性部分は水溶液中に溶けていることができず、集合して固まることになります。これが凝乳（またはカード）と呼ばれるもので、**ナチュラルチーズ**です。

チーズの主成分はタンパク質と思いがちですが、実はそうではありません。チーズで一番多いのは、重量の30%ほどを占める脂肪です。次が20%ほどのタンパク質、次いで4%ほどの糖分という順になっています。残りは水分です。

このようにしてつくられたフレッシュチーズはそのまま食用になることもありますが、多くは加塩、熟成、微生物による発酵過程を経ることになります。

チーズには1000種類以上もの種類があるといわれますが、一般には、ナチュラルチーズとして、①フレッシュチーズ、②白カビチーズ、③ウォッシュチーズ、④ブルーチーズ（青カビチーズ）、⑤シェーブルチーズ（山羊乳チーズ）、⑥半硬質チーズ（セミハードチーズ）、⑦硬質チーズ（ハードチーズ）の7種類があり、そして、⑧プロセスチーズ（非ナチュラルチーズ）の8種類に分けます。

図9-4● チーズの種類

ナチュラルチーズ	フレッシュチーズ	カッテージチーズ、モッツァレラチーズ、クリームチーズなど。
	白カビチーズ（ホワイトチーズ）	カマンベールチーズ、クロミエなど。
	ウォッシュチーズ	エポワス、タレッジオなど。
	ブルーチーズ（青カビチーズ）	ゴルゴンゾーラ、バベリアブルなど。
	シェーブルチーズ（山羊乳チーズ）	ブリンザチーズ、ヴァランセなど。
	半硬質チーズ（セミハードチーズ）	ゴーダチーズ、フォンティナなど。
	硬質チーズ（ハードチーズ）	チェダーチーズ、エダムなど。
非ナチュラルチーズ	プロセスチーズ	日本でなじみの6Pチーズなど

フレッシュチーズは熟成させないものであり、白カビチーズは外皮に白カビを植え付けて熟成させたもので、柔らかくクリーミーな味わいが特徴です。青カビチーズは内部に青カビを植え付けて熟成させたものです。ウォッシュチーズは表面に塩水を吹き付けたもの

です。半硬質・硬質チーズはいずれもチーズを圧搾してホエイ（乳清）を除いた後、熟成させます。そのため大型で保存性もよくなります。主な物を前ページの図 9-4 にまとめました。

チーズの中には強烈な匂いのする物があります。匂いの強いチーズとして知られるのはブルーチーズとウォッシュチーズでしょう。

ブルーチーズはチーズに青カビを付けたもので、独特の大理石模様を持った美しいチーズです。なかでもフランスのロックフォールは強い匂いを放ち、味わいも塩味が強く刺激的です。

ウォッシュチーズは、塩水やワインなどを定期的に吹き付けながら熟成したものです。こうすることによってリネンス菌など特定の菌が選択的に繁殖します。これらの菌がチーズ表面から内部に向けて繁殖する過程でチーズの脂肪分とタンパク質を分解してアミノ酸などの旨味成分に変化させるのです。匂いは発酵食品独特のものとなり、最後には崩れるまでに柔らかくなります。菌が付着した外皮は、食べません。

数あるウォッシュチーズの中でも別格なのがフランスの修道院で開発されたというエポワスです。強い匂いを放っていますが、味はまろやかでなめらかであり、濃厚で繊細な味わいは他では味わえません。

同じくフランスでつくられるマンステールは表面はオレンジ色でベタベタしています。匂いは強烈ですが、食べると凝縮したミルクの風味が美味しいです。

モン・ドールは秋・冬にしかつくれない季節限定のチーズです。匂いは強めですが、熟成してトロトロに柔らかくなったところをスプーンですくっていただきます。

はっこうの窓

醍醐とは「最高級」の美味しさのこと？

後醍醐天皇とか醍醐の花見（豊臣秀吉）というように、“**醍醐**”という言葉があります。この「醍醐（だいご）」とは、実は現在のチーズのような食べ物のことをいいました。もともとは仏教用語で、最も尊い教えを例えて「醍醐」と呼ぶようです。つまり、それほど高貴な名前をもってくるほど、この醍醐という食べ物は美味しい、というわけです。しかし、かつての醍醐の製法は途絶えてしまい、再現はむずかしいようです。

当時の文献には、

「乳→酪→生酥→熟酥→醍醐」

と変化させていく、との記述があります。つまり、「牛乳」を加工して「酪」にし、それを加工して「生蘇（しょうそ）」とし、それを熟成して「熟蘇（じゅくそ）」とし、最後にそれを加工して「醍醐」にした、というのです。

乳から生蘇にする過程は加熱濃縮だったと考えられます。しかし、当時の文献によれば、「牛乳の 1 割の生蘇が得られる」と書いてあります。牛乳に含まれる固形分は 12% ですので、もしかすると、加熱以外の加工が加えられていたことによって、固形分が 12% から 10%（1 割）に減ったのかもしれません。あるいは当時の牛乳の固形分が 10%しかなかったのかもしれません。

「蘇」は、加熱によって得られる牛乳の固形分であり、現在のフレッシュチーズに相当する、との説もあります。そうすると「熟蘇」「醍醐」はそのフレッシュチーズを熟成（熟蘇）、発酵（醍醐）させたものであり、現在のチーズに相当することになります。

しかし、再現実験によれば、醍醐は現在の発酵バターのようなものだ、との説もありますので、正体は不明です。

現在から見れば、チーズもバターも「最も尊い」というほどに美味しいものかな、という素朴な疑問もわきます。筆者などは、イワシの梅干し煮のほうが、よほど美味だと思いますが、好みは人それぞれ、時代にもよるもののようです。

日本では近代になると牛乳を飲む習慣はなくなりますが、天平、奈良時代にはあったのでしょう。そもそも仏教はインド発祥であり、インドでは牛乳は一般的な飲み物であり、お釈迦さまも飲んでいたのですから、当時の日本人が牛乳を避ける理由はありません。牛肉と違って牛乳は殺生とは関係ないはずです。子牛の飲み物を取り上げたからといって殺生とはいわないでしょう。

コーヒーなどに入れるクリームの商品名にスジャータというものがありますが、これはインドの少女の名前からとったものです。お釈迦さまが厳しい修行を終えた時に、この少女がお釈迦様の体をいたわってミルク入りの粥をつくって差し上げたとの伝承からとったものといいます。

もしかしたら、奈良時代の日本でもミルク粥が食べられていたのかもしれません。ミルクで炊いたご飯は現在の学校給食で出されることがあるようですが、子供たちに人気が高いといわれます。

第10章

発酵された お茶・紅茶・お菓子は どうつくられるか

 お茶、紅茶、ウーロン茶

――酸化発酵をどの程度までさせているか？

職場でも家庭でも、毎日の憩いの時間に気軽に飲み、食べる嗜好品の中にも、発酵によってできたものがたくさんあります。まず、飲み物から見ていくことにしましょう。

食後など、憩いの時間の手軽な飲み物といえば番茶、煎茶（せんちゃ）などの緑茶があります。また、紅茶、最近ではいろいろの名前で出ているウーロン茶（烏龍茶）などもあります。

これらは名前も味も香りも違いますが、原料は皆、「お茶の葉」です。日本でお馴染みの番茶、煎茶、ほうじ茶などは残念ながら発酵とは関係ありません。それどころか、発酵が起きないような工夫がされたものです。

お茶の葉は、摘み取られるとすぐに蒸されます。蒸すというのはお茶の葉に高熱を与えることであり、この操作によってお茶の葉に付いていた天然酵母、微生物は死滅します。さらにお茶の葉に含まれる酵素などはすべて立体構造を壊され、失活してしまいます。

この蒸したお茶の葉をよく揉んだものが煎茶です。煎茶を揉むのは、揉むことによってお茶の葉の細胞を壊し、中の旨味成分が水やお湯に出やすくするためです。番茶は製造法の違いによる区分ではなく、お茶の葉の品質、あるいは茎など、葉の部分による名称です。

図10-1 ● 緑茶・ウーロン茶・紅茶のつくり方

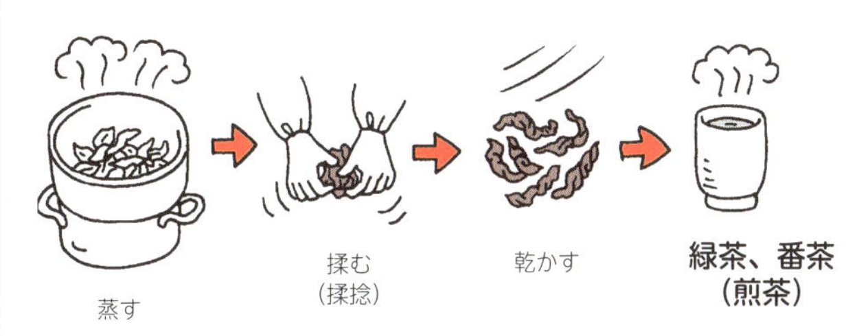

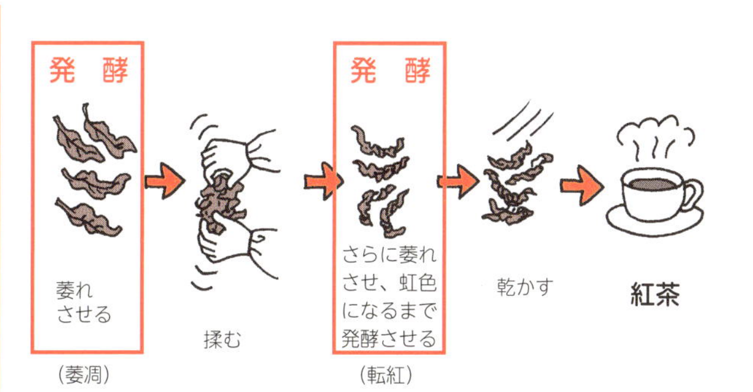

ほうじ茶は簡単にいえば番茶や煎茶を高温で炒って焦げ香を付けたものです。

抹茶は緑茶を粉にしたものといわれますが、少々違います。抹茶の原料はお茶の葉を蒸したものですが、揉んでいません。揉まないでそのまま乾燥した碾茶(てんちゃ)といわれるものを臼(うす)などで挽いて粉にしたものが抹茶なのです。緑茶を臼で挽いて粉末にしたものもありますが、これは粉末緑茶と呼ばれ、抹茶とは違うものです。

これらに対して、お茶の葉を発酵させたものが、**紅茶**や**ウーロン茶**（烏龍茶）です。紅茶とウーロン茶の違いは、**しっかりと発酵させた物が「紅茶」であり、発酵を途中で止めた物が「ウーロン茶」**だといってよいでしょう。

紅茶をつくるには、摘んだお茶の葉が生乾きのうちによく揉みます。こうすることによって、茶葉の細胞組織を破壊し、葉の中の酸化酵素を含んだ成分を外部に絞り出し、空気に触れさせて**酸化発酵**を促すのです。

酸化酵素は空気中の酸素に触れると活性化し、茶葉の中にあるカテキン（ポリフェノールの一種）やタンパク質のペクチン、あるいは葉緑素を酸化発酵します。この**酸化発酵こそが、紅茶の香り・味・コク・紅色のベースをつくる**重大なカギを握っており、紅茶と緑茶の根本的な違いとなります。

——コピ・ルアクは腸内発酵による最高級コーヒー？

お茶、紅茶などと並んで嗜好飲料として有名なのがコーヒー（珈琲）です。コーヒーは一般には「発酵とは無関係な飲み物」とされています。しかし、植物を長時間放置すれば多かれ少なかれ、発酵が起きます。

コーヒーの場合、摘果した豆を洗って保存する場合と、洗わずに保存する場合があります。洗った場合には微生物が除去されるため、たしかに発酵は起きませんが、洗わない場合には発酵が起きるのです。発酵が起きると特有の発酵臭が付き、味も荒々しくなるといいます。このため、一般にコーヒーとしての評価は落ちるといいますが、それを好む人もおり、嗜好は人それぞれ、ということになるようです。

特殊で高価なコーヒーとして、インドネシアの**コピ・ルアク**、フィリピンのカペ・アラミドと呼ばれるものがあります。コピ・ルアクの「コピ」とは現地語でコーヒーのことを指し、「ルアク」とはジャコウネコのことを指します。カペ・アラミドも同様で、カペがコーヒー、アラミドがジャコウネコのことです。

肉食動物のネコにしては不思議な話ですが、このネコはコーヒーの果実を食べるといいます。食べた後、果肉は消化されますが、種の部分はそのまま糞と一緒に排出されます。

この種を集めた物がコピ・ルアクで、最高級のコーヒーだというのです。最高級の理由は、**ジャコウネコの腸内細菌による発酵を受けているから**だというのですから、コーヒーといえども高級品になると、たしかに発酵の影響を“色濃く”受けているということになるのでしょう。他にも、タイではゾウにコーヒー豆を食べさせ、その糞を回収したブラック・アイボリー（黒い象牙）というコーヒーもあるそうです。

嗜好品とはよくいったもので、すべては好き好きであり、物は試しですから、飲まれてみるのもよいかもしれません。通信販売サイトで見る限り、通常のコーヒー豆の 10 倍～ 20 倍の価格で販売されているようです。

はっこうの窓

酵素の働き

酵素は思いがけない働きをします。日本人はこの働きを思いがけないところで利用しました。

明治時代まで、その筋（たぶん、花柳界）の女性が顔を洗うのにウグイスの糞を用いたといいます。これは化学的に合理的です。ウグイスは肉食鳥です。消化液にはタンパク質分解酵素が含まれており、糞にも残りカスが入っているはずです。これで顔を洗ったら、皮膚の角質、すなわち垢は分解除去されるでしょう。

ネコも肉食ですから、もしかすると、その糞で顔を洗ったらキレイになるのかもしれません。お薦めはしませんが。

発酵和菓子

――酒まんじゅう、桜餅の葉っぱ、伝統的な柚餅子

発酵が生活の隅々にまで浸透している日本ですから、お菓子にも発酵を用いた物があります。しかし、正面切って発酵を用いた和菓子は意外と少ないようです。

和菓子の縁の下の力持ちとして働いているのが**水飴**です。水飴は、お菓子に甘味としっとり感を与えるものとして、和菓子に欠かせない材料です。これは、炊いたもち米に麦芽や糖化酵素を加えて適温に保つことによって発酵・糖化させたものです。

水飴の主成分は、発酵に麦芽を用いた物では麦芽糖、糖化酵素を用いた物ではブドウ糖です。甘味はブドウ糖のほうが強いです。水飴を脱水、乾燥して固化したものが、金太郎飴や千歳飴などいろいろの伝統飴菓子となります。

お正月のお菓子である、ごぼうの入った**花弁餅**、五月の節句に食べる**柏餅**には、餡に白味噌を練り込んだ味噌餡が使われていますが、味噌はもちろん発酵食品です。

また、各種のお煎餅には表面に醤油を付けて焼いたものがありますが、醤油も当然、発酵食品です。

桜餅の表面には桜の葉が付いていますが、あれはもちろん生の葉っぱではありません。桜の葉を茹でて水きりしたものと塩を、樹の樽の中に積み重ねて１年ほど寝かして発酵させた、れっきとした発酵食品です。葉には表面に細かい毛の無いオオシマザクラの葉を用いるという、細かい所がまた日本的です。そうでなければ、あの色と香りは出てこないのです。結婚式などで出る桜湯の桜の花、あるいはアンパンの上に乗る桜の花は、桜の花を生のまま塩漬けにして発酵させたものです

まんじゅうにはいろいろの種類があります。なかでも、**酒まんじゅう**というのは、まんじゅうの皮に酒を使った物です。つまり小麦粉を水で練った物に、麹に酵母を繁殖させた酒母（しゅぼ）を入れてアルコール発酵をさせます。この際に発生する二酸化炭素で皮を膨らませるのです。発酵によって生じるアルコールが皮に独特の味と香りを持たせることになります。

京都の焼き菓子に味噌松風という物があります。厚手で小型の長方形の茶色の菓子です。この生地は小麦粉、砂糖、水飴を水で混ぜてつくった生地に白味噌を加えて発酵させた物です。この生地を平鍋に流し入れて形を整え、表面にケシ粒を散らして、上から天火で焼いてつくります。

一般にいう葛餅（くずもち）は葛の根からとった葛粉（くずこ）でつくります。葛粉に水と砂糖を入れて、火にかけて練っていくと透明～半透明になってとろみが生じてきます。ぷるんとした独特の食感と涼しげな見た目から夏の菓子として人気があります。

しかし関東には「久寿餅（くずもち）」と書く物があります。これは葛粉を使いません。代わりに使うのが浮き粉というものです。浮き粉とは、小麦粉から麩（ふ）（グルテン、タンパク質）をつくるときに残ったでんぷんを乳酸菌で発酵させた物です。独特の酸味と香りを持ったお菓

子です。

柚餅子(ゆべし)というお菓子もご存知でしょう。米粉にクルミを混ぜ、味付けに味噌、醤油、砂糖を加えて蒸したもので、ひなびた味を醸し出すお菓子です。

しかし、「伝統的な柚餅子」は、実はこれとは違います。「伝統的な柚餅子」をつくるには、ゆずの果実の上のヘタの部分を切り取り、内部の果肉を取り去ります。この中に味噌、クルミ、山椒などを詰め、ヘタを元に戻して全体を蒸します。それを藁で包んで縄で縛り、軒などにぶら下げて数か月置くという、たいへんな手間をかけるのです。

この過程で発酵が進み、茶色く色づいた「伝統的な柚餅子」ができます。食べるときには薄切りにします。お菓子として、お酒の肴としても、ごはんのおかずとしてもいけます。

はっこうの窓

甘酒はソフトドリンク

甘酒には2種類あり、一つは酒粕を水や湯で溶いて砂糖を加えた物で、もう一つはお粥に米麹を加えて50～60℃ほどで一晩かけて発酵させた物です。混入した酵母によってアルコール発酵が進行し、少量のアルコールが生成します。

甘酒は「酒」とはいうものの、アルコール含有量は1%ほどで、法的にはソフトドリンクに分類され、お酒としての扱いは受けていません。未成年者でも飲むことが許されています。

発酵洋菓子

——バニラの香り、チョコレートも発酵によって誕生

洋菓子の中にも発酵を利用したものがあります。まず**香料**です。西洋料理には各種の香料が使われますが、それはお菓子も同様です。とくに洋菓子に欠かせないのがバニラの香りです。

バニラは、バニラという植物になるバニラビーンズと呼ばれる豆からつくります。バニラはつる性の植物で、長さは60mにもなります。花はカトレアに似ていますが、花の寿命は短く、1日しか持ちません。受粉すると豆がなりますが、長さは30cmに達し、中に細かい種がびっしりと入っています。

しかしこのままでは香りはありません。**この細長い豆を保存して発酵させ、それを乾燥させ、また湿気を与えて発酵させ……という操作を何回も繰り返すことによって、初めてあの甘いバニラの香りが生み出されてくるのです**。この一連の操作を**キュアリング**といいます。お菓子に用いるときには、種子と鞘(さや)を一緒にして使います。

洋菓子に欠かせない原料にチョコレートがあります。これも発酵によってつくります。チョコレートはカカオの木になるカカオ豆からつくります。カカオの果実は直径15cmほど、長さ30cmほどのラグビーボール形の大きなもので、中に20〜30個ほどのカカオ豆といわれる種子が入っています。

このカカオの果実を数日間発酵させます。その後、天日で乾燥させ、砕いて種子部分だけを選別し、焙煎します。種子には重量の50％近くのカカオバター（ココアバター）と呼ばれる油脂が入っています。焙煎された種子に砂糖や香料あるいはカカオバターを加えて細かく擦り潰すと、油脂のためにネットリとした粘稠（ねんちゅう）な液体ができます。これを固めた物が**チョコレート**というわけです。飲み物のココアはチョコレートに水を加えて加熱したものです。そのため、英語ではココアをホットチョコレートとも呼んでいます。

ショートケーキに代表される洋菓子の土台は**スポンジ**です。このスポンジは、小麦粉にバター、泡立てた卵、メレンゲを使ってつくります。メレンゲがスポンジを膨らませる役をします。

しかし、中にはイースト菌を使ってアルコール発酵させて膨らませるスポンジもあります。簡単にいえば、パンを土台にしているのです。このようなお菓子としては、パンに生クリームを乗せてラム酒をかけたサバラン、パン生地にラムレーズンを入れて焼き上げたババなどがあります。

欧米ではクリスマスの頃に、ドライフルーツをたっぷり入れたフルーツケーキを食べます。このケーキの土台は、イーストを使ったパンを用いたり、小麦粉、バター、卵の重量を１：１：１に揃えたパウンドケーキを用いたりします。ドライフルーツは予めラム酒やラムシロップに数週間漬けておきます。

このような原料を用いて焼き上げたケーキは、そのまま食べるのではなく、１か月ほど寝かせておきます。その間に熟成が進んで味に深さ、マイルドさが出るのです。これも発酵を利用したお菓子ということができるでしょう。

タバコの発酵？

——発酵したままの葉っぱを巻いたのが「葉巻」

タバコは健康によくないということで、最近では、喫煙の習慣をやめる方が増えています。タバコは青酸カリより毒性の強い毒物、ニコチンの他にも、発がん性を持つタールなど、いろいろの有害物質を含んでいます。

植物としてのタバコは熱帯に育つナス科の植物です。現地では多年草ですが、栽培するときは一年草として扱います。成長すると2mほどの高さになり、長さ30cmほどの葉が1本の木に30～40枚付きます。

嗜好品としてのタバコは、この葉からつくります。葉を切り取って適当に乾燥したところで、数週間から数か月の間、保存して発酵させます。これを適当に処理して各種のタバコ製品をつくります。

基本的に**発酵した葉をそのまま巻いたのが葉巻（シガー）**であり、タバコの葉としては最上級のものが用いられます。この葉っぱを刻み、香料などを混ぜた物がパイプタバコです。パイプタバコは専用の喫煙具、パイプで吸います。日本のキセルもパイプの一種と見なせますが、キセル用のタバコはキザミと呼ばれ、髪の毛のように細く刻まれています。適当に刻んだタバコを紙で巻いたものが紙巻きたばこ（シガレット）であり、現在主流のタバコです。

　以上はタバコに火を着火してその煙を吸うタイプですが、着火しないタバコもあります。

　その代表が嗅ぎタバコです。嗅ぎタバコは、タバコを細かい粉末にし、それを鼻孔に吸い込んで鼻孔の皮膚に付けます。その状態で呼吸をし、タバコの香りを楽しむのです。ルイ王朝などのヨーロッパ貴族階級で行なわれた喫煙法です。

　しかし、鼻は脳の中でも中枢部分である海馬領域に近く、その匂いは脳や神経に強い作用を及ぼすことから、危険性を伴う喫煙法といわなければなりません。

　それに対し、噛みタバコは細かく刻んだタバコの葉のひとつまみを下唇と歯の間に留めて置き、唾液に混じるタバコの抽出液を楽しむ方法です。

　ただし、唾液を飲んでしまうと害が大きいため、唾液は適当なときに吐き出します。美的、衛生的、両面から日本では普及しにくい方法といえるでしょう。

　噛みタバコの一種にスニースという、ティーバッグを小型にしたような紙袋にタバコを入れたものもあります。これを下唇と歯の間に留めておくのです。

　最近、禁煙が叫ばれることから電子タバコが流行っているようです。これはタバコの成分を液化させた物を、マイクロプロセッサで制御された電熱線の発熱によって霧状にして吸引する喫煙具です。ニコチンを含ませることも可能ですが、煙が出ないため受動喫煙の害が少なく、喫煙者に対する有害性も低いといわれています。

はっこうの窓

ニコチンと青酸カリ

毒物の毒の強弱を定量的に表す尺度に半数致死量 LD_{50} という指標があります。これは、検体動物（マウスなど）にこれだけの量の毒物を与えると、その半数が死んでしまうという量です。通常、検体の体重 1kg 当たりの量で表します。したがって体重 70kg の人はこの数値を 70 倍して考える必要があります。もちろん、LD_{50} の小さい方が強毒です。

それによると、ニコチンは LD_{50}=7mg です。ところがサスペンスドラマなどで有名な猛毒青酸カリ（正式名シアン化カリウム KCN）は LD_{50}=10mg です。つまり、タバコは、少なくともマウスにとっては、青酸カリより毒性が強いのです。

いずれにしても非常に毒性の強い青酸カリですが、これは自然界には存在しません。人間がつくりだした物なのです。その生産量たるや、日本だけで「年間 3 万トン！！」（青酸ナトリウム NaCN の量）といいます。貴金属を溶かす能力があるなど、一般の人が思っている以上に工業的な用途が多いのです。

第11章

「お酒と発酵」の関係を探る

ワインと発酵

——ポリフェノールを含む醸造酒

お酒とはアルコール（エタノール）の入っている飲み物のことをいいます。ジュースにアルコールを入れても「お酒」になります。戦後間もない頃のお酒といえば、ほとんどがこのような物だったといってよいでしょう。

しかし、本来の「お酒」は果実や穀物を酵母によってアルコール発酵した飲み物であり、あるいはそれを原料として加工した飲み物と考えるべきでしょう。

そのように考えると、お酒にはアルコール発酵したままのお酒（醸造酒）と、醸造酒を蒸留してアルコール濃度を高めたお酒（蒸留酒）に分けることができます。醸造酒の典型的なものはワイン、日本酒、ビールなどであり、蒸留酒の典型にはブランディー、ウイスキー、焼酎などがあります。

ここでは醸造酒の典型である、ワインを見てみましょう。ぶどうからつくった醸造酒をワインといいます。ブドウは果皮に天然酵母が付着しており、しかもブドウの果実の中にはブドウ糖がタップリ入っています。これはブドウを貯蔵して置けば自然とワインができることを意味します。

ワインにはいろいろの種類があります。赤、白、ロゼなどです。

図11-1● ワインのできるまで

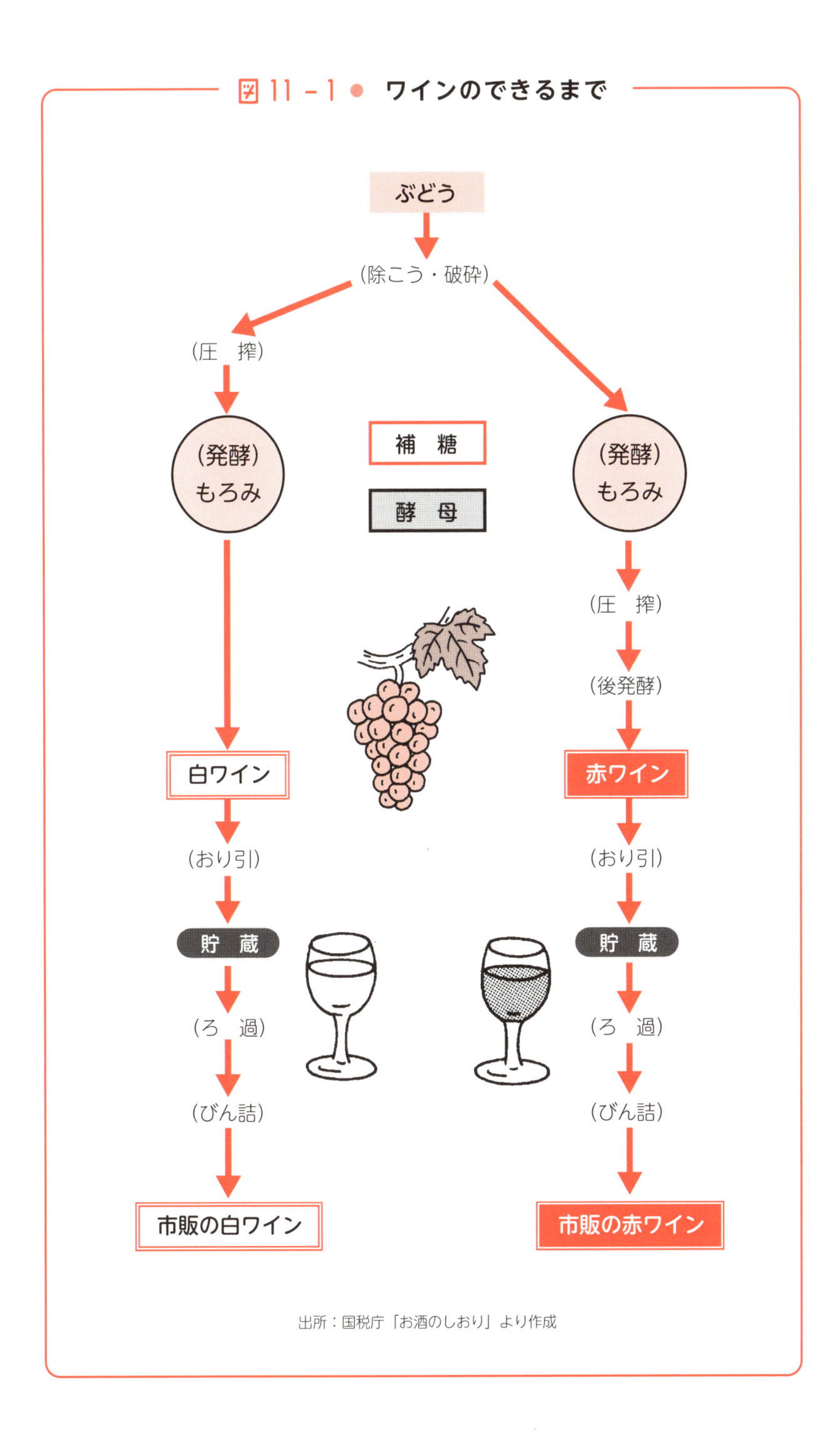

出所：国税庁「お酒のしおり」より作成

それぞれのつくり方は次のようです。

赤ワインは、ぶどうの果実から果汁を搾り、果皮、種子とともにタンクに入れて発酵させます。発酵後、果皮と種子を取り除き、液体部分を樽またはタンクに詰めて熟成します。熟成を終えたワインから「澱（おり）」と呼ばれる沈殿物を濾過によって取り除き、びん詰めすれば完成です。

白ワインは発酵前に果皮や種子を取り除きます。そのため、色がつきません。赤ワインと白ワインを混ぜればロゼになりそうですが、ヨーロッパではそのようなつくり方は禁止されています。ロゼワインのつくり方は次の三種です。

❶果皮とともに発酵を行ない、途中で果皮を取り除く。

❷黒ぶどうの果汁だけで発酵を行なう。

❸黒ぶどうと白ぶどうを混ぜて発酵する。

ワインにも、日本酒と同じように甘口と辛口があります。それはアルコールの濃度によって決まります。すべての糖分をアルコールに変えてしまえば、辛口のワインが出来上がります。糖分が残っているうちに発酵を止めれば、甘口のワインになります。

ワインはポリフェノールを含むので健康によい、との説があります。赤ワインに多いタンニンは、ポリフェノールの一種です。ポリフェノールはお茶や渋柿にも含まれます。

 日本酒と発酵

——大きく分けると「ドブロク、清酒、泡盛」に

日本酒はいうまでもなく、日本の誇るお酒です。しかし、日本酒を日本で発生したお酒と考えると、ドブロク、清酒、焼酎、泡盛なども日本酒ということになります。

そこで、本章では独断的に、濁っている日本酒のことをドブロク（濁酒）、透明な物を清酒、そして蒸留された物を焼酎（しょうちゅう）ということにしたいと思います。

清酒は米などの穀物を原料に使います。穀物の主成分はでんぷんです。でんぷんはブドウ糖からできた天然高分子です。ところがアルコール発酵する酵母は、ブドウ糖しか原料とすることができません。そのため、アルコール発酵を行なう前に、「でんぷんをブドウ糖に分解」しておく必要があるのです。そのために使うものこそ、麹（こうじ）（米麹）なのです。

清酒のつくり方を見てみましょう。簡単にいえば

❶米を炊いて蒸米にする。

❷蒸米に麹を加えて米麹をつくる。

❸米麹に蒸米と酵母を加えて酒母（しゅぼ）（もと）をつくる。

❹タンクに水、蒸米、酒母を入れて醪（もろみ）とし、発酵を行なう。

❺発酵が終わったら醪を絞る。

❻酵母の活動を止めるため加熱（火入れ）する。

という工程です。

醪（もろみ）が残っている段階では、酒は白く濁っています。これが**ドブロク**です。このドブロクを、適当な濾材を使って濾過すると、不溶分が除かれて透明になります。これを**清酒**というのです。

それにしても清酒には多くの種類があります。銘柄の多さをいっているのではありません。同じ銘柄の清酒なのに、何種類もの物があるのです。なぜ、こんなに複雑なのでしょうか。ざっと見てみましょう。

まず、大きく分けると「ふつう酒」と「特別名称酒」の２つになります。市中に出回っている清酒の70%はふつう酒です。ふつう酒は、次の３条件のうちのどれか一つに該当するものです。

❶精米歩合が70%以上（米粒のうち、捨てている部分は30%以下）。

❷エタノールを白米重量の10%以上加えている。

❸三等米を用いている。

ということです。

これに対し、特別名称酒はふつう酒より高級なお酒ということになります。特別名称酒の種類を182ページの図11-3に示しました。全部で８種類あります。大きく分けて、純米酒と本醸造酒に分けられます。**純米酒と本醸造酒の違いは、アルコールが加えられているかどうか**です。純米酒にはアルコールが添加されていないのに対し、本醸造酒のほうはアルコール添加がされている、という点が違います。

図11-2● 酒のできるまで

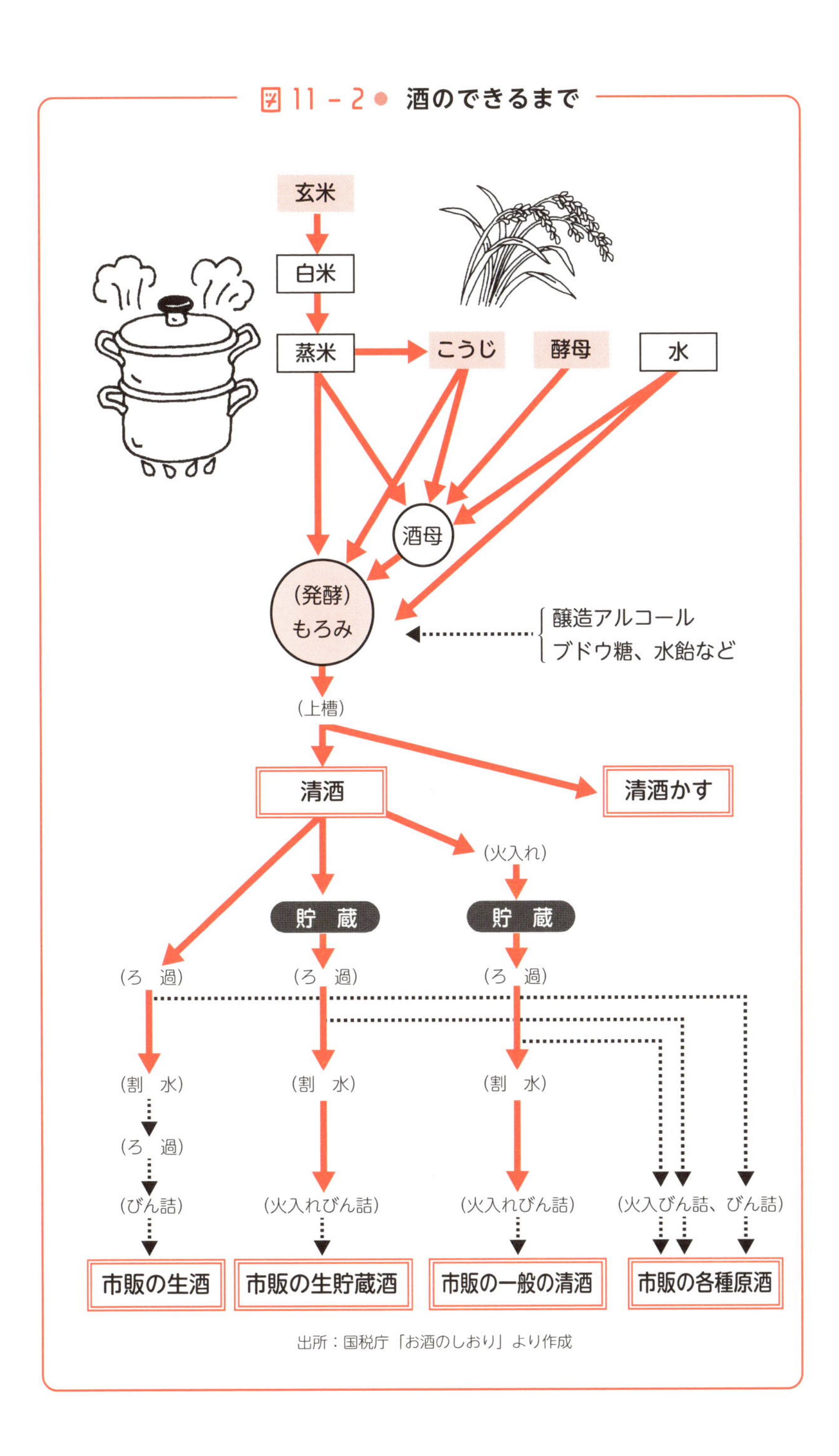

出所：国税庁「お酒のしおり」より作成

なお、表のなかに「精米歩合」とありますが、これは白米の玄米に対する重量割合のことで、一般家庭用の精米歩合は92%程度とされています。いかに、清酒に使われている米が削ぎ落とされているか、この数値からも実感します。

図11－3● 純米酒と本醸造酒の区分け

	特定名称	使用原料	精米歩合(白米 / 玄米)の重量割合	麹米の使用割合	香味等の要件
純米酒	純米大吟醸酒	米、米こうじ	50% 以下	15% 以上	吟醸造り、固有の香味、色沢が特に良好
	純米酒	米、米こうじ	—	15% 以上	香味、色沢が良好
	特別純米酒	米、米こうじ	60% 以下又は特別な製造方法(要説明表示)	15% 以上	香味、色沢が特に良好
	純米吟醸酒	米、米こうじ	60% 以下	15% 以上	吟醸造り、香味、色沢が良好
本醸造酒	大吟醸酒	米、米こうじ、醸造アルコール	50% 以下	15% 以上	吟醸造り、固有の香味、色沢が良好
	吟醸酒	米、米こうじ、醸造アルコール	60% 以下	15% 以上	吟醸造り、固有の香味、色沢が良好
	特別本醸造酒	米、米こうじ、醸造アルコール	60% 以下又は特別な製造方法(要説明表示)	15% 以上	香味、色沢が特に良好
	本醸造酒	米、米こうじ、醸造アルコール	70% 以下	15% 以上	香味、色沢が良好

なにやら非常に複雑な分類で、せっかくのお酒の味もわからなくなってしまいそうですが、これが現行の制度なのです。

なお、蒸留酒である焼酎については、本章5節「蒸留酒の種類」の中で触れることにします。

ビールと発酵

——アルコール量は意外に大きいので要注意

暑い夏の夜のビールは水のように（水よりも）たくさん飲めます。アルコール度数も 5 度前後と日本酒の 1/3 程度ですから、体積でいえば、日本酒の 3 倍程度飲んでも酔いは同じということです。しかし大ジョッキの容量はおよそ 700mL です。その 1/3 は 230mL です。一合は 180mL ですから、大ジョッキのビールのアルコール量は日本酒 1.3 合に匹敵することになります。飲み過ぎには要注意です。

ふつうのビールの原料は大麦です。麦に含まれるのはでんぷんですから、酵母にアルコール発酵をさせるためには、加水分解してブドウ糖にしなければなりません。この役目をするのが、麦の若芽である麦芽に含まれる酵素です。酵素がつくったブドウ糖をアルコールに変えるのはおなじみの酵母です。

実際の製法は次のようなものです。まず大麦に水を含ませて発芽させたのち、熱風で乾燥します。乾燥した麦芽を砕いて細かくします。砕いた麦芽と大麦、温水をタンクに入れると、酵素の働きででんぷんは加水分解されてブドウ糖に変化します。この麦汁をろ過してホップを加え、煮沸します。これを 5℃程度に冷却した後、酵母を加えて発酵タンクに入れます。7 ～ 8 日の間に酵母の働きでアルコール発酵が進行します。この若ビールを熟成した後、ろ過によって不純物を取り除けばビールの完成というわけです。

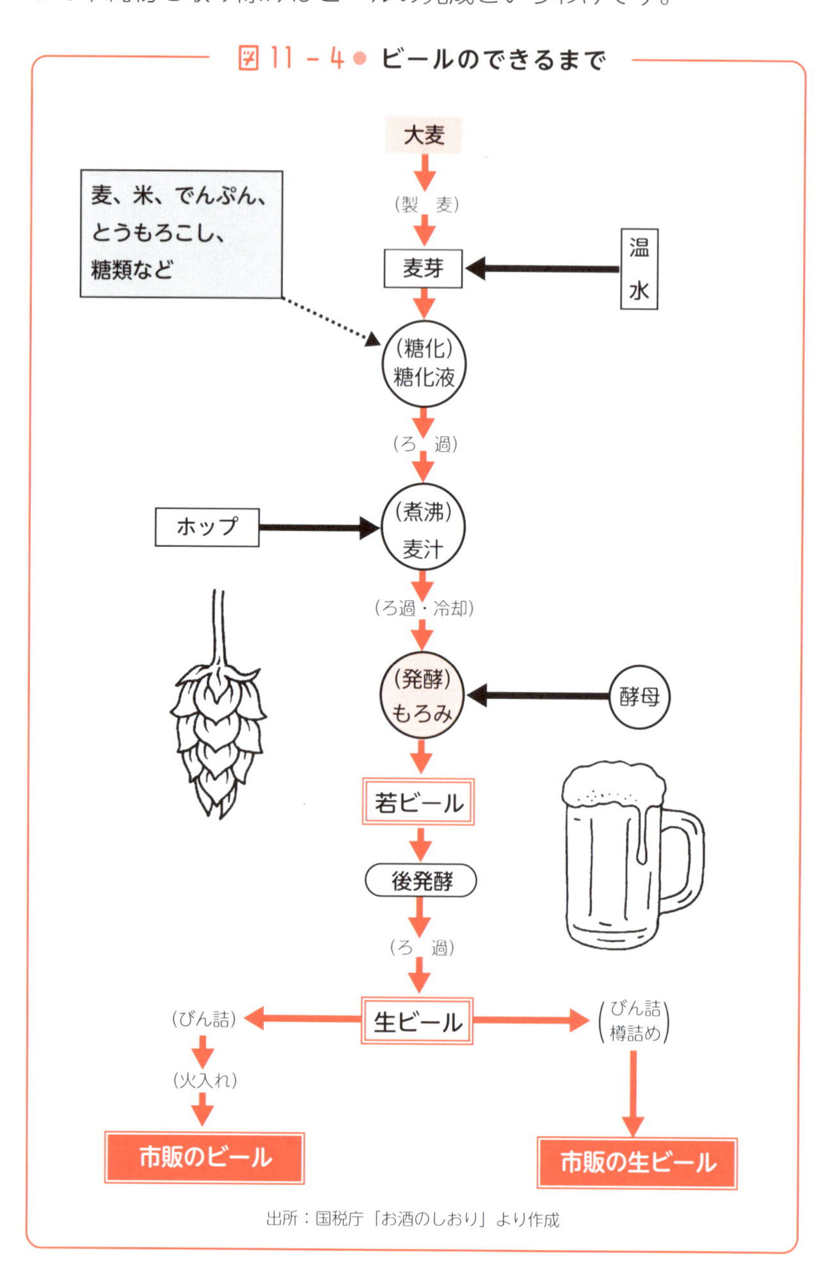

 茅台酒の乾杯攻め

――マオタイチュウ、馬乳酒

一風変わったお酒があります。すべてのお酒は果実や穀物、根菜、つまり植物からつくります。ところがこのお酒は馬のミルク、**馬乳からつくるお酒なのです**。つくる国は牧畜の国、モンゴルです。「そうか、だから馬のミルクからお酒をつくるのだ」などと早合点してもらっては困ります。なぜなら、ミルクは植物ではありません。ミルクは水とタンパク質の混合物です。麹や酵母がタンパク質を餌として増殖できるはずはありません。ライオンにようかんを食べて生活しろ、というようなものです。ライオンには肉、酒づくりには植物（糖分）が必要なのです。

しかし、**実はミルクの中にも糖分はあるのです**。先に乳の発酵の章で見たように、牛乳には 4% ほどの乳糖が含まれていました。すべてのミルクには乳糖が含まれていますが、その含量が際立って高いのが馬乳と人乳（母乳）です。両方とも 7% 以上の乳糖が含まれています。

先に見たように、乳糖はブドウ糖（グルコース）とガラクトースが結合したものです。馬乳酒はこの乳糖由来のブドウ糖をアルコール発酵した物なのです。馬乳酒をつくるには、馬乳に、酵母にあたるスターター（馬乳酒の残りなど）を加えてひたすら攪拌します。

2～3日間、攪拌回数数千～1万回で馬乳酒ができるといいますから、大変な労力です。しかし、実際に攪拌するのは馬なのでしょう。スターターには、飲み残しの馬乳酒の他、ツリガネ草科の野草などを用います。

ところが、これだけの労力にもかかわらずアルコール含有量は1～2%ですから、お酒というよりは、ふつうの飲み物という感じに近いでしょう。しかしこれを蒸留してつくる「アルヒ」という蒸留酒はアルコール濃度が7～40度と一気に高くなります。

4000年といわれる歴史のある中国には、多くの種類のお酒があります。一般に中国のお酒として中華料理と対になるのは、ラオチュー（老酒）と呼ばれる紹興酒が多いようですが、中国で国酒と呼ばれるお酒は**マオタイチュウ（茅台酒）**です。

これは蒸留酒であり、アルコール度数は、以前は60%以上でしたが、現在は45%ほどになっています。特徴は何といっても香りの高さ、強さです。鮮烈な芳香があります。そして、私の経験では、アルコール度数以上に人を酔わせます。ウイスキーのオールドパー（45度）を一晩に1本空けるといわれた当時の田中角栄首相が中国を訪問した際、茅台酒の乾杯攻めにあって酔いつぶれ、秘書に抱えられて退場したほどのお酒です。

このお酒の原料は中国の主食にあたる高粱（コウリャン）ですから、原料が日本酒とウイスキーなどと変わっているわけではありません。変わっているのは発酵法です。茅台酒づくりは麹づくりから始まります。大麦や小麦などを砕いたものに水を入れて混ぜ、レンガの形に整えて暖かい部屋に放置しておくと、天然の麹菌、乳酸菌などが繁殖して麹ができます。

次に蒸した高粱に麹を混ぜ、地面に掘った「発酵窖（こう）」（窖とは穴蔵のこと）の中に入れ、そこに土をかぶせ、この土の中で発酵させます。先につくった中国の麹は、日本酒の製造に用いる麹とは違い、糖化だけでなくアルコール発酵を行なう微生物、酵母をも含んでいます。そのため、このままの固体の状態で糖化とアルコール発酵が同時進行し、最終的にはアルコールを含んだおかゆのような状態になります。

つまり、**ふつうの醸造酒のように、水分タップリの液体状態で発酵するのではなく、固体状態で発酵するのです**。これをとくに**固体発酵**といい、中国の醸造法の特徴となっています。中国の地方では、このおかゆ状態の物にストローを挿し、液体分を飲むこともあるといいます。

数週間後に、仕込んだ材料を掘り出し、発酵したおかゆに蒸気を通しやすくする籾殻（もみがら）や落花生の殻を混ぜて蒸留します。化学でいう、水蒸気蒸留という手法です。

このようにして蒸留されて出てきた液体成分に、また(中国式の)麹を混ぜ、再度発酵させます。このような仕込みを数回繰り返した後、蒸留によって集めた液体を、さらに瓶の中で長期間熟成したものが茅台酒と呼ばれるものなのです。

固体発酵のため、発酵が全体に均一な状態で進行するのではなく、各部分で異なった発酵が進行することが茅台酒の香りに影響しているのかもしれません。発酵窖にはその発酵窖特有の雑菌が繁殖しており、それが独特の風味を醸すともいわれます。茅台酒は不思議なお酒です。試してみる価値は十分にあります。

 蒸留酒の種類

——ワインからブランデー、大麦醸造酒からウイスキー

醸造酒のアルコール含有量はせいぜい20%止まりです。この数値を上げるには、蒸留を行なう以外に方法はありません。**醸造酒を蒸留したお酒が蒸留酒**です。

- ワインを蒸留……ブランデー
- 大麦の醸造酒(ホップを加えないビール)を蒸留……ウイスキー

などが有名ですが、その他に蒸留酒をつくるためだけにつくった醸造酒を蒸留したものもあります。このような蒸留酒としては、

- サトウキビを原料……ラム
- リュウゼツランを原料……テキーラ
- ジャガイモなどが原料……ウォッカ
- 麦、サツマイモ、ソバなど多彩な原料……焼酎

などがあります。

一般に、**果実を発酵してつくった醸造酒を蒸留したものをすべてブランデーといいます**。しかし一般に、ブランデーという場合は、白ぶどう酒を蒸留したものです。ワインのつくり方が単純明快だったのと同じように、ブランデーのつくり方も単純明快です。それだけにブランデーの製法はすべての蒸留酒の製法のお手本的なものです。

問題は蒸留の精度です。現代式の精密な蒸留法を用いると、95% 以上のアルコールになってしまい、原料のワインの風味は飛んでしまいます。いかにしてワインの香りを残しながら効率よく蒸留するか、その辺りが腕の見せ所となります。

蒸留した原酒をオークの樽に入れて熟成させると、美しい琥珀色のブランデーになります。

イギリスの生んだ**ウイスキー**は、フランスの生んだブランデーと並んで蒸留酒の両雄といわれます。ブランデーがワインを蒸留したものであるのと同じようにいえば、ウイスキーはビールを蒸留したものといえるかもしれません。

しかしウイスキーとビールには根本的な違いが二つあります。それはウイスキーにはホップが入っていないこと。そして、ウイスキーの原料大麦は燻製されているということです。

ウイスキーは次のようにしてつくります。まず大麦を発芽させて麦芽（モルト）をつくります。これを乾燥（燻製）するのにイギリス固有の石炭である泥炭（ピート）を使うのです。これによってウイスキー独特の燻煙臭が付くことになります。これを砕いて水と混ぜると麦芽中の酵素によってでんぷんが加水分解されてブドウ糖になります。ここに酵母を混ぜて発酵させるとアルコール度数 7 度ほどの醪（もろみ）ができます。

醪を濾過して得た液体を蒸留に掛けてアルコール度数の高い液体を得ます。このようにして得られた原酒を樽に詰めて、一定期間熟成すれば、「ウイスキーの出来上がり」というわけです。熟成期間は短くて 3 年、最も美味しいのは 10 ～ 18 年といわれます。

焼酎は日本を代表する蒸留酒です。しかし焼酎はドブロクや清酒を蒸留したものではありません。清酒は米と麹でつくった醪を絞れば完成です。しかし焼酎には、麦焼酎、芋焼酎など、原料による違いがあります。これは醪に一次醪と二次醪の二種類があることに起因します。

焼酎の一次醪は原料にかかわらず、すべて同じです。違いは二次醪によるものです。焼酎の具体的なつくり方は次のようになります。

まず、米あるいは麦から麹をつくり、これに酵母を加えて一次醪をつくります。この一次醪の中へ主原料と水を加え、8 〜 10 日間発酵させて二次醪をつくります。このとき投入した主原料が焼酎の冠表示になります。すなわち主原料にサツマイモを使うと「芋焼酎」となります。この二次醪をろ過し、液体部分を蒸留すれば焼酎の完成です。

焼酎には甲類と乙類があります。甲類は二次醪を絞った液体を、現代式の連続蒸留機で蒸留します。アルコール濃度は 95 度まで可能ですが、それに水を加えて 36 度以下とします。純水アルコールの水割りですから、材料の風味はありません。梅酒などのリキュールの原料にします。

それに対して乙類は二次醪から得た液体を単式蒸留で蒸留します。蒸留の精度が悪いので、原料の風味が残ります。アルコール度数は 45 度以下と定められています。

沖縄には**泡盛**という特産の蒸留酒があります。泡盛は米を主原料とした、基本的に乙類焼酎ですが、麹に泡盛麹を用いるのが特徴です。泡盛は貯蔵して熟成させると風味が増すといわれ、古酒（くうすう）といわれるものの中には、100 年に近いものもあるといいます。

衣食住の「衣・住」にも発酵が貢献？

繊維と発酵

——亜麻、苧麻、大麻とアットウシ

発酵というと、味噌、醬油、ヨーグルト等の食品や、第 11 章で説明してきたお酒を思い出します。しかし発酵が活躍するのは、何も食品やお酒だけに限りません。日常生活の意外な場面でも活躍しているのです。さて、どこでしょうか？

実は、**衣料品づくりにも発酵が使われています**。植物繊維は草木の茎、樹皮などから繊維部分をとり出したものです。

日本で太古の昔から使われてきた繊維に**麻**があります。麻は吸湿性が高く、肌に触れたときに涼しく感じるので、春夏の衣料に多く使用されています。植物としての麻には多くの種類がありますが、繊維をとる麻には３種類あります。それはリネンという繊維をとる亜麻（あま）、ラミーという繊維をとる苧麻（ちょま）、それとヘンプという繊維をとる大麻（たいま）です。

亜麻は中央アジア原産で、江戸時代には亜麻仁油（種から）のために栽培が始まり、明治に入ると繊維（茎から）をとるために栽培されました。

苧麻（ちょま）は古くから「からむし」「まお」などと呼ばれ、新潟県の越後上布（えちごじょうふ）、小千谷縮（おぢやちぢみ）、そして奈良県の奈良晒布（さらし）などに織られて愛好されてきました。

大麻は桑科の１年生で、雌雄異株の双子葉植物のことをいいます。「麻」という言葉は、日本では古くから大麻のことを指しています。

亜麻、苧麻、大麻など、これら麻は植物の茎のじん皮部から採取される植物繊維で、主成分はセルロースです。麻から繊維をとるには茎内の表皮と柔軟組織が不要なので、これらを取り除かなければなりません。これを**精錬**といいます。

精錬は、水や雨水に茎を漬けた後、バクテリアなどで発酵させることで表皮や木片部を分解して繊維をとり出す発酵精錬という方法が伝統的なものです。精錬によって採取できる繊維は非常に少なく、亜麻からはリネンが 14 ～ 16％程度を採取できますが、苧麻からはラミーが４～ 6％程度しか採取できないといいます。

同じように発酵によって繊維をとり出すものに、アイヌの伝統的な着物である**アットウシ**に使う繊維があります。これはオヒョウという樹木の樹皮からとります。オヒョウは高さ約 20 ～ 25 メートルにもなるニレ科の落葉高木で、北海道・東北の山地に自生しています。この木の樹皮をはぎとります。

はぎとったオヒョウの樹皮を温泉に漬けたり、真夏の温度の高い時期の沼に漬け込んだりして発酵させ、ぬめりを溶かして出します。完全にぬめりを取るのではなく、少し残すと良い生地ができるといいます。このようにして精製した内皮を２～ 3mm の幅に裂き、乾燥させてから撚(よ)って糸にするのです。

和紙と発酵

――竹紙をつくる工程で必要な発酵

植物の繊維を使ったものとしては、「紙」もあります。古代エジプトの紙であるパピルスは、植物であるパピルスの茎そのものを圧縮・乾燥して薄く圧着したものです。

日本の和紙は伝統的な技術を今にのこした優れた紙として知られます。そのような中に、竹紙というものがあります。これは竹を砕いて繊維をとり出し、それを繊維が絡まるように梳（す）いて紙にしたものです。現代ではほとんど廃れていますが、粋人の間では珍重されています。

この紙をつくる際に、最も問題になるのは竹の茎から細い繊維をとり出す過程です。そのために用いるのが発酵なのです。竹を節ごとに切って２～３か月間、水に漬けておきます。すると繊維の間のセルロースが発酵によって分解され、１本ずつの細い繊維になるといいます。

ところが、この過程で発する臭気が大変なもので、それを慕ってハエや蛆虫（うじむし）が湧き、人家の周辺ではなかなかできない作業といいます。

一般的な和紙はコウゾ（楮）、ミツマタ（三俣）などの樹皮の内側（靭皮）の繊維をとり出し、それをトロロ葵の粘っこい樹液で固めたものです。この場合にも、コウゾ、ミツマタから、いかに細く長い繊維をとり出すことができるかどうかが、良質の和紙をつくるカギになるといいます。

現在では効率の面から、樹皮を重曹（重炭酸ナトリウム $NaHCO_3$）や苛性ソーダ（水酸化ナトリウム NaOH）の水溶液で煮るのが主流だそうです。

しかし、昔のやり方ではやはり樹皮を数か月間水に漬け、発酵によって繊維をとり出したといいます。昔の発酵法のほうが長くて上質の繊維がとれたという話もあります。

このようにしてつくった和紙に、渋柿の絞り汁を発酵させた柿渋を塗った物が渋紙です。厚手の渋紙は丈夫で耐水性があるので番傘や団扇に用います。

金箔は厚さ 0.05m ほどの金の薄板を、箔打ち紙という和紙の間に挟んでハンマーで満遍なく叩いて打ち延ばし、最終的に厚さ 1 万分の 1mm にまでしてつくります。金箔の出来の善し悪しは箔打ち紙に左右されるため、箔打ち紙は金箔をつくる箔師が秘伝の方法でつくるといいます。

ある箔師の場合には、薄い和紙を藁灰、柿渋、卵白を溶かした水に数か月浸して発酵させ、その後乾燥します。この和紙を何枚か重ねてハンマーで満遍なく叩きます。その後、1 枚ずつに剥した後にまた重ね直してハンマーでたたくという操作を数回繰り返すのだそうです。

このようにすると、表面が究極の滑らか状態になった箔打ち紙になるのだそうです。

土壁づくりにも発酵

——漆喰、土壁は寝かせて発酵させる

最近のマンションの内壁は、ベニヤ板にポリ塩化ビニル(エンビ)のフィルムを張ったものが大半のようです。しかし、伝統的な日本家屋は、赤土に藁(わら)を切ったものを混ぜた土を塗った土壁です。壁の内部は荒い土で固められ、表面は飾った土や漆喰(しっくい)で固めます。このような壁は桐たんすと同じように梅雨時は湿気を吸い、冬は湿気を吐きだして、室内の湿気を一定に保ってくれます。また、匂いをも吸い取ってくれます。

この土壁づくりにも発酵を利用しています。土壁の原料は赤土と水と、適当な長さに切りそろえた藁を混ぜたものです。しかし、本格的な土壁の場合には、これらを混ぜてすぐに塗るわけではありません。1～2か月は工事現場で寝かしておきます。その間に藁は腐って（発酵して）溶けたようになります。そうした段階で、また藁を足して放置します。

このようなことを繰り返すうちに、藁に含まれるリグニンという高分子成分が互いに絡まり、その三次元網目構造の中に土の粒子をとり込み、強固な壁となるのだそうです。

これは荒壁の上に化粧壁として塗る漆喰の場合も同じといいます。漆喰は消石灰（水酸化カルシウム $Ca(OH)_2$）を主成分とした壁であり、塗った後、長い時間をかけて空気中の二酸化炭素と反応して炭酸カルシウム $CaCO_3$ に変化していきます。$CaCO_3$ は貝殻が $CaCO_3$ であることからもわかるように大変に硬く、防火性にも富んだ素材です。この中にも藁が入っているというのです。

図 12-1 ● 発酵を利用した伝統的な「ナマコ壁」

黒が平瓦、白が漆喰、
全体で「ナマコ壁」

はっこうの窓

ナマコ壁

昔ながらの土蔵を象徴するのはナマコ壁です。これは図 12-1 のように、黒い正方形とそれを囲む白い長方形からなる単位構造の繰り返しからできています。黒い正方形は瓦、白い長方形は瓦の合わせ目を埋める漆喰です。この組合せによって、耐火性の高い建造物である土蔵をつくったのです。

ナマコ壁の「ナマコ」の由来は、白い長方形の塊が、海に棲むナマコの形に似ていたからといいます。

染色にも発酵

——紅花の赤、藍染の藍も複雑な化学反応を経て

布や和紙を染める染色にも発酵が用いられます。その一つが**柿渋**です。これで染めた物は柿渋染といわれ、渋いベージュ色で和服に合います。原料となる柿の果実は柿タンニンの多い渋柿を用います。まだ青い未熟果を収穫し、砕いて樽の中に貯蔵して2昼夜ほど発酵させます。これを圧搾したものが「生渋（きしぶ）」です。生渋を静置して上澄みを採取したものが染めに使う「渋」です。しかし実際に染めに使うには、この後さらに数年間保存して熟成させなければならないのだそうです。

カキタンニンには防腐作用があるため、魚網や釣り糸、傘、あるいは木工品や木材建築の塗料として古くから用いられてきました。現在でも伊勢型紙などの染色の型紙、あるいは団扇等の紙は和紙に柿渋を塗った渋紙を用います。

ベニバナ（紅花）からとれる赤い色素は平安の昔から赤い染料、あるいは口紅として貴族階級に愛用されてきました。ベニバナの植物は高さ1mほどの、アザミに似た切れ込みの鋭い葉と細い棘（とげ）を持っていますが、花は赤くありません。黄色です。これはベニバナの花が赤い色素と黄色い色素の両方を持ち、赤い方は1%ほどしか無いからです。

しかし黄色い色素は水に溶けます。そのため、摘み取った花を水に晒(さら)して黄色い色素を流し去ります。その後、濡れた花を筵(むしろ)の上に並べ、その上にさらに筵を被せて発酵させます。この操作によって赤の発色がさらに鮮やかになります。

次いで、発酵によって粘り気の出た花を臼で搗(つ)き、適当な大きさに丸めて平たくし、天日で乾燥します。これがベニバナ餅であり、染料になるのです。

日本で赤い染料と対になるのが青い染料である藍(あい)です。**藍も発酵によって発色します。染料の藍は化学的にはインジゴと呼ばれる色素です**。インジゴは植物の藍からとりますが、採取したばかりの樹液には、青いインジゴは含まれていません。含まれているのは無色のインジカンという物質です。これを適当な条件下で発酵させるとインドキシルというやはり無色の物質になります。そしてこのインドキシルが空気中の酸素に触れると酸化されてインジゴになって青くなるのです。

図12－2● 藍に含まれるインジカンがインジゴになるまで

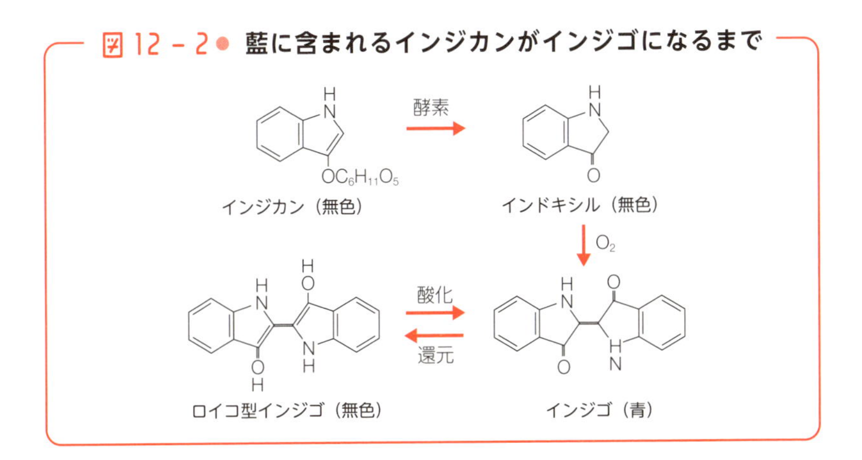

残念ながらインジゴは水に不溶であり、そのため繊維に染め着けることができません。そこでインジゴを水溶性にします。そのためには**インジゴを発酵によって還元し、ロイコ型インジゴにする必要があります**。ところが、せっかく染めたロイコ型インジゴは無色なのです。しかし、大丈夫です。ロイコ型インジゴで染めた布は、染め壺から出すと空気中の酸素で酸化されて青いインジゴ染になるのです。

藍染めはこのような複雑な化学反応過程を経て行なわれるのです。これを何の化学知識もない昔の人は、勘と経験だけでやってのけたのですから、大したものだといわなければなりません。ちなみにこのような染色法を**建て染め**といいます。

藍染めはアメリカではブルージーンズです。日本では「藍染めの野良着は蚊を寄せ付けない」といわれますが、アメリカでは「ブルージーンズを履いているとガラガラヘビに噛まれない」というそうです。

近年、草木染めが流行ですが、そのなかに**発酵染め**という手法があります。適当な植物を煮て成分を抽出した水溶液を適当な期間保存して、天然の雑菌で発酵させた後に染色する手法です。レモン汁などを加えた酸性環境や、アンモニア粋を加えたアルカリ性環境などで発酵させることもあるといいます。

天然環境に存在する雑菌は、場所によって、季節によって、種類が違います。その上、酸性、アルカリ性など化学環境が異なれば作用も違います。ということで、どのように発色するかは、やってみないとわからないという、一期一会的なアバンチュールであり、ハラハラするような面白味があることでしょう。

漆・漆器と発酵

——光沢の美しい「漆」は発酵によるウルシオールから

磁器は英語で「チャイナ」といいます。すなわち、中国のことです。同じように「ジャパン」といわれるものがあります。なんでしょうか。それが**漆器**です。漆器、漆芸は日本を代表する工芸なのです。ここでも発酵が使われています。

漆はウルシという樹木の幹からとります。幹の樹皮に切り傷を付けると、そこから樹液が染み出します。これを集めた液体が漆です。**採取した漆をそのまま置くと発酵が進み**、ウルシオール、水分、ゴム質、含窒素物に分かれます。品質はウルシオールの含有率が高いものがよいとされます。

漆を木工品に塗って放置すると固化して美しい光沢を持った漆塗りとなりますが、これは漆に含まれる水分や揮発性有機物が揮発したためではありません。漆塗りの塗膜はフェノール樹脂という高分子の一種なのです。フェノール樹脂というのは、ポリエチレンなどのふつうの樹脂（プラスチック、熱可塑性樹脂）と違い、加熱しても軟らかくならない熱硬化性樹脂といわれるものです。その単位分子がウルシオールなのです。

漆を塗ると、漆に含まれるラッカーゼという酵素が、空気中の酸素をとり込み、ウルシオールを酸化重合させて、硬い皮膜をつくります。漆が硬化するのに適当な温度（25℃）と湿度（85%）が必要なのは、ラッカーゼの活動が盛んになるのがこの条件だということです。

酵素はタンパク質なので、高温にすると失活します。一度加熱した漆は、常温では硬化しなくなります。しかし150℃くらいに加熱すると硬化します。

これは、熱硬化性プラスチックのフェノール樹脂を金型で加熱することで硬化成型することと同じ現象で、昔は鉄砲や大砲、鉄鍋などに、錆び止めとして広く用いられました。

はっこうの窓

漆塗り

漆は堅牢なだけでなく、奥深い艶のある美しさでも優れています。そのため、日本の伝統工芸では金と並んで欠かせない素材となっています。

しかし漆はアレルギーの原因となり、漆に弱い人にとっては命に関わりかねない重篤なアレルギーを引き起こします。民族的に見ると、アジアなど漆の生育する地域の住民は多くの場合、耐性を備えています。しかし、漆の自生しないヨーロッパ人は耐性が無いようです。

このような人にとっては乾燥した漆でもアレルギーを引き起こすことがあるそうです。外国人に漆製品をプレゼントするときには要注意です。

陶磁器と発酵

——焼いたときの収縮率を下げる２種類の菌

植物を生ける厚手の鉢を陶器、薄手の茶碗やティーカップを磁器といいます。両方とも適当な粘土をこねて成形し、窯で焼いてつくります。ここにも発酵が生かされているのです。もちろん、茶碗やカップが発酵するわけではありません。**原料の粘土が発酵するのです。**

粘土は複雑な組成を持った無機物です。主成分は二酸化ケイ素 SiO_2 ですが、その他に鉄や銅やアルミニウム等各種の金属元素を含んでいます。これら金属元素が焼き物、とくに陶器に特有の色彩や表情をつけることになります。しかし、実は土には有機物も含まれているのです。

腐葉土をご存知でしょうか。秋に枯葉を集めて積んでおくと、翌年の春には腐って黒色の塊になっています。養分が豊富なので、ふつうの土に混ぜて使うと植物がよく育ちます。つまり、粘土には有機物も含まれるのです。当然、微生物も棲んでいます。

陶芸に使う粘土は、このような粘土を、産地を変えて何種類も集め、使用者が適当に混合して自分の好きな、使いやすい粘土にしたものなのです。

しかし、混合した粘土をそのまま成形して焼いたのでは良い焼き物、陶磁器はできません。焼いている途中で割れたり、ひびが入ったり、あるいは大幅に収縮してしまいます。焼く前にも成形しづらいだけでなく、ひび割れることもあります。もちろん、製作者が意図した色彩や表情も出ないでしょう。

そのようなことのないように、混合した粘土はしばらく、数週間から場合によっては数年間寝かせます。すると粘土の性質が変化し、弾力と粘りが出て滑らかで成形しやすくなります。また、このような土でつくった製品は、焼いても収縮率が小さくなります。このようなことができるのが、伝統工芸の強みなのでしょう。

これは**土が寝ている間に微生物による発酵が起きたからなのです。発酵によって微生物が分泌した有機物によって粘土の粒子が細かく滑らかになってきます**。その結果、水分が浸透しやすくなって粘土はより柔らかく可塑性が増すことになります。

もちろん、粘土の塊の表面と内部では含まれる酸素量が違います。粘土を育てるには、空気の好きな好気性菌と、空気を嫌う嫌気性菌の両方の働きが必要です。そのため、寝かせておいた土は時折、練り直してやることが必要です。

このように、焼き物の粘土も発酵するのです。生きているのです。もちろん、成形して焼いてしまえば、すべての微生物、酵素は消滅してしまいます。

しかし、酵素などの微生物が生きた証しは焼き物の色彩、手触り、表情として作品に残ります。それを味わうのも陶芸の醍醐味なのです。

現代の化学産業と発酵

 発酵熱農法は地産地消方式？

——土壌は発酵によって大きく改良される

発酵といえば微生物、微生物といえば農業と、昔から発酵と農業の関係は確立しています。20 世紀に入った途端、生化学の発展、20 世紀中葉からの遺伝化学の発展、20 世紀末に開花した遺伝子操作技術によって、農業関連科学は飛躍的に発展しました。

さらに今世紀に入ると、花開いた幹細胞を中心とした細胞工学は生命化学、医学、さらには農業科学に革命的な発展をもたらそうとしています。

しかし、生化学、遺伝子工学、生命工学と「現実の農業」は必ずしも同じ速度で進歩するとは限りません。限られた環境、限られた条件の中で研究、開発された技術が複雑で雑多な条件とその変化に悩まされる現実の農業の中に、どのように生かされるのか、それは実際に農業をやった方でなければわからないでしょう。

そのような現実の中にも、農業は最新の科学研究の成果をとり入れ、それに現場の知識を加味し、確実に前進しています。そのような**最新研究と現場の協力の例として、発酵と農業とのシンクロナイズがあります**。

農業において一番の基礎は「土壌の改良」です。いくら品種改良をしようと、いくら化学肥料を使おうと、いくら化学殺虫剤を使おうと、作物を植える土壌の品質がよくなければどうにもなりません。
　ところが、**土壌は発酵によって大きく改良されるのです**。痩せた土壌の表面に、作物の残りカスや、除草でとった草などの緑肥からなる未熟な有機物を置き、さらに米ぬかをふって浅く土と混ぜてみると、それだけのことで、土はいつの間にか団粒化が進み、畑は排水がよくなっていきます。
　これは、土壌表面に撒いた有機物が微生物によって分解されたことだけで起きたのではありません。その過程で微生物群が土に潜り込みながら、土の中のミネラルなどをエサに大繁殖した結果なのです。人がほとんど労力をかけなくても、土は自然に耕され、微生物のつくり出したアミノ酸や酵素・ビタミンなどの養分をたっぷりともった「豊潤な田畑」に変わるのです。
　これは、かつての農業技術「土の改良には懸命に堆肥をつくり、それを田んぼに運び込む」とは異なるものです。作物残渣(ざんさ)や緑肥など、その場にある有機物を中心に使う「現地発酵方式」なのです。地産地消の太陽光発電のようなもの、と考えることもできるでしょう。
　低温で農作物が育ちにくい冬の間は、温度を上げることができる「ハウス栽培」が重要になります。しかしハウス栽培には暖房費という大きな負荷がかかります。これは時には作物の出荷で得られる収入を脅かすほどになります。
　そんな中で注目されるのが「**発酵熱農法**」です。これは**米ぬかや木くずなどという「廃棄物」を利用する農法です**。一般的にバークと呼ばれる樹皮は、その多くが牛舎の敷物や土壌改良剤として使用されます。このバークを加工する際に発生する発酵熱や二酸化炭素をうまく利用した農法が、発酵熱農法なのです。

バークから有機質肥料をつくる際、一次発酵に 1 年以上、粉砕後の二次発酵に 6 か月以上、さらに水分調整という長い工程が必要になります。この間、土の中では微生物発酵が進行し、バークの熱はなんと 80℃近くまで上がります。さらにこの際、農作物が育つのに重要な二酸化炭素も発生します。

この熱と二酸化炭素を利用しない手はありません。この発酵熱をハウス内に循環させることで、暖房代は大幅に削減されます。

また、二酸化炭素をハウス内に戻すことによって、二酸化炭素を原料とする光合成を活性化することが期待されます。つまりハウス内の二酸化炭素濃度が高まることによる収穫量の増加、糖度の向上の効果が期待されるのです。

発酵は農業現場で身近な現象ですが、その利用が十分に検討されていたとはいい切れない面があります。重要なメリットを知らないうちに棄てていたのかもしれません。ここに目を向けただけでも農業経営は大きく改善されるのではないでしょうか。

はっこうの窓

「藁にお」の発酵熱を甘く見るな！

秋に稲を刈り、脱穀してモミをとり除くと、田んぼには大量の稲わらが出ます。現在では稲わらは産業廃棄物として処理されるのでしょうが、昔は、稲わらは大切な窒素肥料の原料でした。稲を刈った後の田んぼの一か所に藁を小山のようにうず高く積み上げ、翌年の春まで保管します。この山を「藁にお」（堆肥）といいます。

冬、雪の中で「藁にお」に手を入れると、ホンノリと暖かいのです。藁が発酵し、熱を出しているためです。これを「発酵熱」といいます。発酵熱は大きい発熱ではありませんが、ずっと発熱し続けます。

この熱はどこかに放散されない限り、中に蓄熱として溜まり続けます。最終的には発火燃焼、火事ということになりかねません。昔は経験的にこのことを知っていたためか、「藁にお」の大きさには上限が常識としてありました。

しかし、最近ではこのような常識は消えてしまったようです。木材チップスなどの産業廃棄物をうず高く積み上げてしまい、その発熱と蓄熱によって火災に至るケースが時々起っています。発酵熱を甘く見てはいけません。

 発酵エネルギー

——微生物から発酵でエネルギーをつくり出す

現代社会はエネルギーの上に成り立っています。そのエネルギーの大半は、本章の４節で見る「化石燃料」によってまかなわれています。

しかし化石燃料は資源の枯渇という避けることのできない大問題を抱えています。これを避けることのできるエネルギーが太陽光や風力を利用した再生可能エネルギーです。再生可能エネルギーの中には植物などの生物を利用した**バイオエネルギー**というものがあります。**微生物を利用した発酵によってエネルギーをつくり出そう**というのも、バイオエネルギーの一種です。

微生物を利用した燃料生産にはいろいろありますが、石油を生産する話は本章４節に譲ることにして、ここではそれ以外のものを見てみましょう。

微生物を利用してつくったエタノールを**バイオエタノール**といいます。バイオであろうと何であろうと、すべてのエタノールは燃えますから、エタノールは優れた燃料になります。バイオエタノールの微生物による生産は、要するに酵母によるアルコール発酵ですから、改めて述べるまでもないことです。

問題はコストと倫理です。バイオエタノールを使って、単位エネルギー当たりのコストを石油のレベルまで持っていくことができるかどうかが「コストで見た課題」です。これはわかりやすい、当然の話でしょう。

もう一つの「倫理面の問題」というのは、多くの人々の食料となるはずの穀物を、石油の代替物に転化してよいのか、という問題です。

酵母が餌とするブドウ糖はセルロースからも得ることができます。すべての草食動物はセルロースを分解してブドウ糖にし、栄養源としています。微生物の中にもそのようなものがいます。つまり、セルロースを分解する微生物を利用してグルコースをつくり、それをアルコール発酵すればよいのです。そのうち、適当な菌が見つかることでしょう。

バイオガスエネルギーは、微生物を利用してガス燃料を得る技術です。既に実用化されているものとして、有機物をメタン菌による嫌気発酵によって発酵させ、メタンガスを生成する技術があります。

原料は有機物であれば何でもよく、下水や生ごみ等、各種の廃棄物はもちろん、糞尿でも利用できます。廃棄物処理と燃料生産が同時に解決する、一石二鳥の策ということができます。設備も簡単であり、既存の処理施設を改造する等、比較的少ない投資で実現可能です。

メタン菌はあらゆるところに存在し、有機廃棄物が放置されればメタンガスは自然発生します。メタンガスは温室効果ガスであり、その効果は二酸化炭素の 25 倍もあり、空気中に放出されたメタンガスは地球温暖化の原因になります。燃料として有効利用することはエネルギーの観点からだけでなく、有用なことです。

メタンでなく、水素ガスを発生しようとの試みもあります。シロアリの消化器官内にいる共生菌の中には、水素を生成する菌がいることが確認されています。近い将来、シロアリ君に活躍してもらう日が来るかもしれません。

はっこうの窓

トイレの爆発

トイレで突然爆発が起き、使用者が負傷したというニュースをネットで見かけることがあります。本当の話でしょうか、それとも都市伝説の一種なのでしょうか？

そのような事故が明らかに起きたという責任ある当局の報告も目にしないものの、その事例を報告した人を無視するわけにもいきません。

問題は、そのような事故が起こる可能性は十分にあるということにつきます。水洗式のトイレでは決して起こりませんが、昔ながらのポットン式では、糞尿が内部に溜まります。溜まった糞尿はメタン菌で発酵してメタンガスを発生します。メタンガスは可燃性・爆発性です。静電気で発火したら一発爆発です。まして、「恥ずかしい匂いを消すために」などと考えて、マッチで火を着けたりしたら、「一発、ドッカーン！」です。

マイクロプラスチックを打倒！

——ポリ乳酸の高分子が救いの神となるか？

現代生活に欠かせない素材がプラスチックなどの高分子です。高分子は、でんぷんやタンパク質などのように、単純な構造の単位分子がたくさん結合したものです。その典型が合成樹脂といわれるプラスチックです。「樹脂」とはいうまでもなく、植物が分泌する松脂（まつやに）などの樹脂が固まった固体のことをいいます。

プラスチックは成形が自由で、着色が自由、しかも頑丈で壊れにくいという、素材として理想的な特質を備えています。ところが、この「頑丈で壊れにくい」という利点が、裏目に出ているのが現在の困った問題なのです。

裏目というのは環境汚染のことです。不要になって廃棄したプラスチック製品が、いつまでも分解されずに放置されているのは、よく目にするところですが、それだけではありません。

なかでも、最近話題になっているのは**マイクロプラスチック**です。これは砕けて 5mm 以下の砕片になったプラスチック片が海洋を漂っているものです。海洋生物が間違って食べ、消化管を傷つけて食物を摂ることができなくなる、ということだけではありません。微小なプラスチック成分はプランクトンにも摂取され、これら生物の体内に吸収されるというのです。

一度生体内に吸収された有害物質が生物の食物連鎖によって最終的には数十万倍の濃度になって、結局、私たちの食卓にのぼってきます。そのことは、かつての DDT や PCB の例でも明らかになっています。

これを防止するために考案されたのが**生分解性高分子**です。これは、環境中に放置すると微生物によって分解される高分子のことです。しかし、驚くほどのことではありません。というのは、**でんぷん、セルロースやタンパク質などの天然高分子はすべて生分解性高分子**なのですから。

「庭に埋めておけば、じきに腐って庭の肥やしになります」といってしまえばそれまでですが、それを人為的につくろうというのが生分解性高分子あり、そのために注目されているのが乳酸なのです。

乳酸を単位分子としてたくさんつなげることで、**ポリ乳酸**というプラスチックができます。乳酸は微生物が生成し、微生物が餌として消費する物質です。これからつくった高分子が微生物によって分解され、微生物によって消費されるのは当然のことです。ただし、耐久性は低くなります。ポリ乳酸を生理食塩水中に放置すると、4〜6 か月で半減することがわかっています。

しかし、これを逆手にとった利用法もあります。それは手術の縫合糸です。内臓手術でこの糸を用いると、傷が癒着したころには糸が分解吸収されているので抜糸のための再手術が必要なくなるというのです。最近では強度不足も改良され、携帯電話や自動車部品などへの実用化も進んでいます。

乳酸菌は健康食品からプラスチックまで、私たちの健康と生活に大きく貢献してくれているのです。

図13-1 ● ポリ乳酸（プラスチック）ができるまで

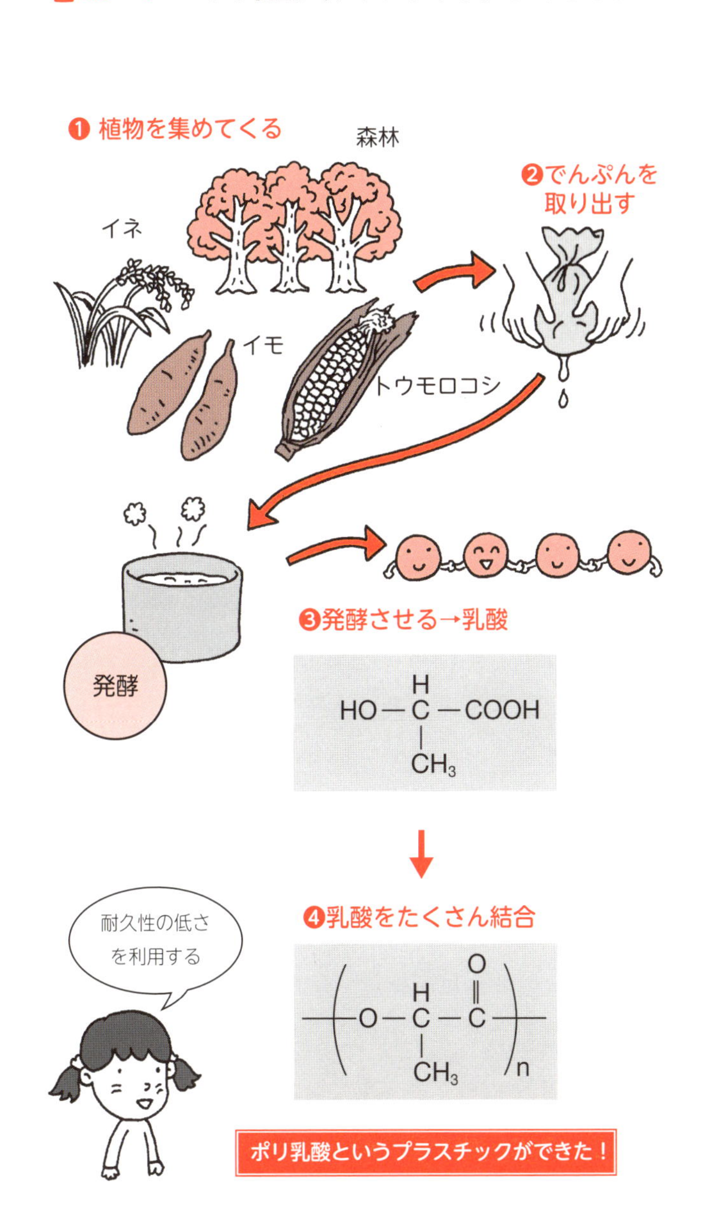

13-4

石油をつくる微生物

——耕作放棄地で石油輸入量をまかなえる？

この節では、少し明るい話題をご紹介しましょう。まずは、現在の話です。

現代社会はエネルギーの上に成り立っています。光、音、動力、記憶、思考、すべては電力というエネルギーによって動き、発光、発振、回転、あるいはITという言葉でまとめて表される電子機能によって賄われています。

そしてその電気エネルギーのほとんどすべては、熱エネルギーを変換したものであり、その熱エネルギーのこれまたほとんどすべては、化石燃料の燃焼によって賄われています。

化石燃料というのは、太古の地球上に繁栄した植物や微生物の遺骸が地中に埋もれ、地圧と地熱によって変化したものといわれています。当然ながら、その埋蔵量には限度があり、それは可採埋蔵量という単位で表されます。これは、「現在、存在が知られている」化石燃料を「現在のペースで採掘」し、そして「現在のペースで消費」した場合、あと何年もつかという年数です。一般に、石炭が120年、石油・天然ガスがともに35年、ウラン100年などといわれることがあります。

しかし、石油の新埋蔵地は毎年のように発見されています。採掘技術は進歩し、シェール石油やシェールガスのように、これまでは採掘不可能だったものも採掘できるようになっています。そのため、50 年前に可採埋蔵量 35 年といわれた石油は、現在もまだ 35 年といわれ続けています。

つまり、化石燃料の真の可採埋蔵量は誰も知らないのです。その上、「化石燃料が本当に化石なのか？」という問題も昔から提起されています。今世紀初頭にはアメリカにおける天文学の権威が、惑星ができるときには、中心に膨大な量の炭化水素が封じ込められ、石油はその炭化水素が変化したものだ、との説を発表しました。ということで、「石油が枯渇することなど、人類が心配しなければならないことなのか？」という疑問まで浮上してきました。

さて、そのようなときに日本の科学者が発表したのは、「**石油は微生物の発酵によってつくられる**」という研究です。石油は工場でつくることができるのです。とても明るい話が出てきました。

原料は二酸化炭素です。つまり、工場で石油をつくり、それを燃やして操業し、排出された二酸化炭素で石油をつくるという、夢のようなしくみが考えられているのです。

実は、炭化水素をつくることのできる藻類は、既に複数の種類が知られています。問題は、その生産効率の低いことでした。ところが、東京湾やベトナムの海などの海水や泥の中などにすむ「オーランチオキトリウム」という単細胞生物が、高効率で石油を生産する能力のあることがわかったのです。

この生物は、水中の有機物をもとに、化石燃料の重油に相当する炭化水素をつくり、細胞内に溜め込む性質があります。しかも、これまで有望だとされていた他の微生物に比べても、10～12倍の量の炭化水素をつくることがわかりました。

研究チームの試算では、深さ1メートルのプールで培養すれば面積1ヘクタールあたり、年間約1万トンつくり出せるといいます。「国内の耕作放棄地などを利用して生産施設を約2万ヘクタールにすれば、日本の石油輸入量に匹敵する生産量になる」としています。

この藻類は水中の有機物を吸収して増殖するため、生活排水などを浄化しながら石油生産をすることもできます。また、この石油を火力発電に使用する場合は、精製を行なうことなく、培養したものを生物ごとにペレットにしたものが使用できるといいます。しかも、大規模なプラントで大量培養すれば、自動車の燃料用に1リットル50円以下で供給できるようになる可能性もあるといいます。

微生物発酵が開いてくれる明るいエネルギー事情が見えてくるようです。

なお、石油をつくり出す菌がいる一方、石油を分解する菌も存在します。タンカー事故などによって海洋が汚染された場合、後始末をして海洋を浄化してくれるのはこのような菌です。

石油分解菌は、海洋、陸水、土壌など自然界に広く分布しています。海水中には1mL当たり約10^6個の細菌が存在しており、そのうちの10^2～10^4個（1％以下）が石油分解菌だといわれています。しかし、石油汚染を受けると、石油分解菌が増殖し、全体の10%以上を占めるようになります。細菌はこのようにして地球環境を護ってくれているのです。

生活を豊かにしてくれる発酵

——ますます進む発酵科学

人類はその歴史の黎明期から微生物と付き合ってきました。貴重な食料を腐らせてしまうのも、大切な人を病気や化膿で奪うのも、すべて微生物が要因でした。

しかしその一方、貯蔵した食料の保存性を高めたり、味をさらに美味しくしたり、あるいはお酒のような思いがけないプレゼントを人類にもたらしてくれたのも微生物でした。

このような現象が微生物によって起こることを理解するのは、19世紀後半のパスツールを待たなければなりませんでした。

しかし、微生物の存在を知ってからの人類と微生物の関わりはそれ以降、一挙に濃密なものになりました。チーズやヨーグルトをつくり、味噌、醤油、お酒をつくっていたのが微生物だったとわかると、人類は微生物の有用さに驚いたのです。

20世紀になると、それはますます確かなものになりました。肺炎からの奇跡的な回復を助けたペニシリン、亡国病といわれた肺結核からの奇跡的な回復。これら抗生物質は微生物の持つ底知れぬ実力を見せつけたものでした。

人類はまだ知らぬ微生物を求めて、世界中を探し回りました。新しい微生物が見つかるとそれを大量培養して生産物を解明し、それが役立つ物だとわかると、微生物の品種改良に励みました。このような研究によって、微生物はますます有益な物質をさらに効率良く生産するように改良されました。

さらに、DNA の発見・研究によって遺伝のしくみが解明されると、微生物の改良は遺伝子レベルで行なわれるようになりました。特定の遺伝子を選別して変異を起こさせる、必要な遺伝子だけを増幅させる、あるいは有害な遺伝子は欠損させるなど、科学的な手法によって目的とする微生物の育種を短時間に効率よく進めることができるようなったのです。

それと同時に、目的とする微生物の探索（スクリーニング）技術も向上しました。目的物質を生産する菌を自然界から分離する技術、出現頻度が 10^{-6} 以下の突然変異株を効率よく見い出す方法などです。

しかし、土壌中の微生物はその 99％以上が寒天培地（微生物を培養するための装置）では生育しません。これでは工業的な利用は困難です。これを活用する方法として微生物を培養するのでなく、その DNA を直接抽出し、それを探索に用いるという方法が登場しました。

このような探索技術の勝利ともいえるのが、アフリカの多くの人を失明から救った大村智、悪性腫瘍の特効薬の発見に繋がった研究の大隅良典両氏の貢献です。2 年続けてのノーベル賞受賞は記憶に刻まれています。

微生物科学の発展のヒントは日本酒の製造技術にもあります。日本酒づくりでは麹菌と酵母という二種のまったく異なる微生物が同時に働いています。これは、腸内細菌群と疾病（しっぺい）との関係の解明にもつながるものと、将来の研究が期待されています。

このように、微生物の働きに基づく発酵は、医療、化学、工学の多くの分野で日に日に進歩発展を続けています。食品、医薬品、高分子など、多くの分野で私たちは発酵のお世話になっているのです。発酵科学はこれからも大きく発展し、私たちの生活を豊かに、よりよくしてくれるものと信じています。

本書では、そのしくみの数々を紹介してきました。さらにステップアップして、この「発酵」の世界の知識を深めていっていただければ幸いです。

さくいん

数字・欧文

あ 行

か 行

さ 行

た 行

な 行

は 行

ま 行

や・わ 行

著者紹介

齋藤 勝裕（さいとう・かつひろ）

1945年5月3日生まれ。1974年、東北大学大学院理学研究科博士課程修了、現在は名古屋工業大学名誉教授。理学博士。専門分野は有機化学、物理化学、光化学、超分子化学。おもな著書として、「絶対わかる化学シリーズ」全18冊（講談社）、「わかる化学シリーズ」全16冊（東京化学同人）、「わかる×わかった！　化学シリーズ」全14冊（オーム社）、『マンガでわかる有機化学』『毒の科学』『料理の科学』（以上、SBクリエイティブ）、『生きて動いている「化学」がわかる』『元素がわかると化学がわかる』（以下、ベレ出版）など。

「発酵（はっこう）」のことが一冊（いっさつ）でまるごとわかる

2019年 1月25日　初版発行
2021年10月 8日　第6刷発行

著者	齋藤 勝裕（さいとう かつひろ）
カバーデザイン	三枝 未央
編集協力	編集工房シラクサ（畑中 隆）
図版・DTP	あおく企画
発行者	内田 真介
発行・発売	ベレ出版
	〒162-0832　東京都新宿区岩戸町12 レベッカビル TEL.03-5225-4790 FAX.03-5225-4795 ホームページ　http://www.beret.co.jp/
印刷	モリモト印刷株式会社
製本	根本製本株式会社

ISBN 978-4-86064-571-7 C0043　　編集担当　坂東一郎